식품구매

Food purchase

박경숙 · 김영숙 · 박재남 · 장상준 · 김용식

光 文 閣
www.kwangmoonkag.co.kr

머리말

복잡하고 다양한 현대 산업사회에서 가정보다는 외부에서의 식사 횟수가 증가함에 따라 단체급식을 포함한 외식산업이 더욱 대형화 및 전문화되고 있습니다. 이러한 시대적 변화에 의해 외식산업의 각 분야에서 소비자의 욕구를 충족시키고 급식산업을 둘러싼 환경에 체계적으로 대응하기 위한 노력이 끊임없이 요구되고 있습니다.

기업에서 구매 업무는 물품을 구입하는 단순한 활동만이 아니라 원가 절감을 통한 이윤의 극대화와 아울러 경영의 효율성과 경쟁력 확보를 위한 전략적 활동으로서 과학적이고 전문적인 지식이 필요하게 되었습니다. 특히 급식 및 외식산업에서 식자재 구매는 일반 공산품 구매와는 달리 식품만이 가지고 있는 특수성을 잘 이해하여 다양한 식품의 구입 시 올바른 선택 요령, 구매 후 적절한 저장 및 보관, 재고관리 등 전반적인 식자재 관리에 대한 전문적인 지식을 필요로 합니다. 따라서 식품 구매 관리자는 구매 활동에 대한 전 과정의 지식을 잘 습득하여 실무에 적용할 수 있는 능력을 함양하여 구매 담당자로서의 전문적인 역할을 수행해야 합니다.

이 책은 식품구매의 정의와 목적, 구매 시장과 식품 유통 체계, 구매관리 조직, 구매 활동, 발주관리, 검수관리, 구매 식품의 종류와 특징, 식품 감별, 저장관리, 재고관리, 그리고 전산정보화 시스템 등 총 11장으로 구성하였으며, 산업 현장에서 꼭 필요한 내용을 담을 수 있도록 노력하였습니다. 그러나 급변하고 있는 급식 산업사회를 고려할 때 아직도 부족하고 미흡한 부분들이 많이 있을 것으로 사료됩니다. 모쪼록 외식 및 급식 분야를 공부하는 여러분들에게 조금이나마 도움이 되기를 바랍니다.

끝으로 이 책이 출간되기까지 많은 도움을 주신 분들과 물심양면으로 수고해 주신 광문각출판사 박정태 회장님, 그리고 임직원 여러분께 지면을 통해 진심으로 감사의 인사를 드립니다.

2017년 8월

저자 일동

목차

01 | 식품구매관리

1. 구매관리의 정의 및 목적 ······ 11
2. 구매관리의 중요성 ······ 12
3. 구매관리의 기대 효과 ······ 13

02 | 구매시장과 식품 유통 체계

1. 시장의 정의 ······ 17
2. 구매시장의 종류 ······ 17
3. 구매시장조사 ······ 23
4. 식품 유통 체계 ······ 28
5. 식품 유통 체계의 형태 ······ 29
6. 식품 유통 거래 ······ 30
7. 식품 유통 체계의 문제점 ······ 32
8. 식품 품질관리 ······ 34

03 | 구매관리 조직

1. 구매관리 조직의 의의 ······ 57
2. 구매관리 조직의 직무 ······ 57

3. 구매 담당자의 자격 요건과 윤리 58
4. 구매 담당자의 업무 59

04 | 구매 활동

1. 구매의 유형 63
2. 구매계약 67
3. 구매 절차 70
4. 구매 서식 종류 74

05 | 발주관리

1. 발주의 개념 85
2. 발주의 절차 85

06 | 검수관리

1. 검수관리의 의의 99
2. 검수관리의 필요조건 99
3. 검수 방법 102
4. 검수 절차 103

07 | 구매 식품의 종류와 특징

1. 곡류 111

2. 두류 111
3. 채소류 112
4. 수산물류 113
5. 육류 113
6. 기타 식품 114

08 | 식품 감별

1. 식품 감별의 목적 153
2. 식품 감별 방법 153
3. 식품의 품질 기준 154
4. 식품의 감별 기준 항목 155
5. 식품별 감별법 157

09 | 저장관리

1. 저장관리의 개념 177
2. 저장관리의 목적 177
3. 저장 방법의 기본 원칙 178
4. 저장 시설 관리 179
5. 저장 방법의 종류 183
6. 연간 식품 저장 계획 및 계절 식품 185

10 | 재고관리

1. 재고관리의 개념 ······ 191
2. 재고관리의 유형 ······ 193
3. 재고관리의 기법 ······ 197
4. 재고 회전율 ······ 200
5. 재고자산 평가 ······ 201

11 | 전산정보화 시스템

1. 전산정보화 시스템의 개념 ······ 207
2. 인터넷 전자상거래 ······ 207
3. 구매관리의 전산화 시스템 ······ 210

부록 1 / 축산도표 ······ 217

부록 2 / 식자재 목록 ······ 231

참고문헌 ······ 262

Part

01

식품구매관리

1. 구매관리의 정의 및 목적
2. 구매관리의 중요성
3. 구매관리의 기대 효과

01 식품구매관리

1. 구매관리의 정의 및 목적

1) 구매관리의 정의

구매관리(purchasing management)란 구매자가 물품을 구입하기 위해 계약을 체결하고 그 계약 조건에 따라 물품을 인수하고 대금을 지급하는 전반적인 과정을 의미한다. 즉 구입하고자 하는 물품에 대하여 적정 거래처로부터 원하는 수량만큼, 적정 시기에 최소의 가격으로 최적의 품질을 선정할 목적으로 구매 활동을 계획·통제·실시하는 관리 활동을 나타내며, 다음과 같은 구매관리의 기본조건이 필요하다.

- 구매할 물품의 적정한 조건과 최적의 품질을 선정
- 구매 계획에 따른 구매량의 결정
- 정보 자료 및 시장조사를 통한 공급자의 선정
- 유리한 구매 조건으로 협상 및 계약 체결
- 적정량의 물품을 적정 시기에 공급
- 구매 활동에 따른 구매·검수·저장·재고관리

2) 구매관리의 목적

구매관리의 목적은 적정한 품질 및 적정한 수량의 물품을 적정한 시기에 적정한 가격으로 적정한 공급원으로부터 적정한 장소에 납품하도록 하는 데 있다. 특정 물품,

최적 품질, 적정 수량, 최적 가격, 필요 시기를 기본으로 목적 달성을 위한 효율적인 경영관리를 달성하는 데 있으며, 구매관리의 목표는 다음과 같다.

- 필요한 물품과 용역을 지속적으로 공급해야 한다.
- 품질, 가격, 제반 서비스 등 최적의 상태를 유지해야 한다.
- 재고와 저장관리 시 손실을 최소화한다.
- 신용 있는 공급 업체와 원만한 관계를 유지하고, 대체 공급 업체를 확보해야 한다.
- 구매 관련의 정보 및 시장조사를 통한 경쟁력을 확보한다.
- 표준화 · 전문화 · 단순화의 체계를 확보한다.

2. 구매관리의 중요성

구매 활동은 구매 전문 부서에서 이루어지며, 이는 조직체의 경영 활동 중 중추적인 역할을 한다. 특히 오늘날 조직 활동의 분업화, 생산시설의 기계화, 산업화, 전산화를 통하여 구매 활동은 조직체의 경영적인 측면과 가정의 경제적인 측면에서 매우 중요한 위치를 차지하고 있으며, 구매관리 시 유의할 점은 다음과 같다.

- 구매 상품의 특성에 대하여 철저한 분석과 검토를 한다.
- 적절한 구매 방법을 통한 질 좋은 상품을 구매한다.
- 구매 경쟁력을 통해 세밀한 시장조사를 실시한다.
- 구매에 관련된 서비스 내용을 검토한다.
- 저렴한 가격으로 필요량을 적기에 구매하고, 공급 업체와의 상관적 관계를 유지한다.
- 복수 공급 업체의 경쟁적인 조건을 통한 구매 체계를 확립한다.

조직 업체의 경영 활동 측면에서 구매관리를 살펴보면 최근 기업의 형태가 생산시설의 고도화, 기계화, 자동화되어 가는 경향이 급속도로 증가하고 있다. 식품 원재료를 구매하는 사람과 구매 장소 및 구매 방법 등이 조직체의 경영에 큰 영향을 미치기 때문에 기업 활동 측면에서의 구매관리는 매우 중요하다고 볼 수 있다.

가정경제 측면에서 살펴본 구매 활동은 생산과 소비가 분리되어 원하는 물품은 모두 시장에서 구매할 수 있다. 따라서 가정경제와 소비 생활에 구매 활동이 큰 영향을 주므로 구매관리는 효율적으로 이루어져야 한다.

3. 구매관리의 기대 효과

급식소에서의 구매 업무는 음식의 생산 과정과 판매 활동이 동시에 수행되어 급식 활동의 기초가 된다. 이에 따라 구매자는 식품이 갖는 특수성을 잘 이해하고, 원재료의 구매에 필요한 식품 감별력 및 유통 구조에 대한 전반적인 지식이 요구될 뿐만 아니라, 이와 관련된 경영 기능도 잘 수행해야 하므로 구매관리에 대한 경험도 함께 요구된다.

따라서 효율적인 구매관리가 조직 업체의 재정적인 면에 크게 영향을 미쳐 급식업체의 성패를 좌우하는 주요한 관리 활동이 되며, 효율적인 구매관리의 기대 효과는 다음과 같다.

- 식품의 구매 원가가 절감된다.
- 양질의 물품 생산과 품질관리가 용이하다.
- 물품 공급의 전문성이 향상되고 체계성을 구축할 수 있다.
- 효율적인 경영관리를 할 수 있다.
- 투자의 최소화 및 경비를 절감할 수 있다.
- 고객 만족에 의한 매출 증가를 기대할 수 있다.

Part

02

구매시장과 식품 유통 체계

1. 시장의 정의
2. 구매시장의 종류
3. 구매시장조사
4. 식품 유통 체계
5. 식품 유통 체계의 형태
6. 식품 유통 거래
7. 식품 유통 체계의 문제점
8. 식품 품질관리

02 구매시장과 식품 유통 체계

1. 시장의 정의

상품의 소유권이 생산자로부터 소비자에게 이전되는 장소로 정의할 수 있는 시장은 함께 참여한 모든 사람에게 유용한 결과가 있을 것을 기대하며, 인적 · 물적 · 시간적 · 공간적 요소들이 한데 모여 자연 발생적으로 만들어진 사회적 제도이다. 특히 오늘날의 시장은 만들기만 하면 팔리던 공급자의 중심이 아니라, 구매자의 선택에 따라 움직이는 소비자 중심의 시장으로 변하고 있다.

2. 구매시장의 종류

1) 생산지 시장(1차 시장)

1차 시장은 식품을 직접 재배 · 수확 · 획득 · 저장하는 생산 지역을 의미하므로 생산지 시장이라 부르며, 농촌 지역의 농산물시장(예. 오일장), 바닷가의 수산물시장, 과수지역의 청과물시장, 목축지역의 가축시장, 화훼지역의 꽃시장 등을 뜻한다.

2) 도매시장 (2차 시장)

(1) 도매시장의 역할과 기능

도매시장은 생산지시장인 제1차 시장에서 대량의 물품을 구입한 다음 소매시장에

배분하기까지의 유통과정을 의미하며, 도매상 또는 중간상 지향의 시장이다. 도매시장은 각 지역별 소매상에 대한 부분 역할과 기능을 수행하고 있기 때문에 소비 지역에 위치하고 있거나, 인구밀도가 높은 광범위한 지역에 밀착 · 접근하여 생산자와 도매상, 도매상과 소매상의 매개 역할과 기능을 하는 중간 단계의 시장이라고 할 수 있다.

역할	기능
가격 형성	수요자와 공급자 간의 공정 거래 정착으로 적정 가격의 형성
수요 · 공급 조정	대량 집하 및 분산을 통해 원활한 수급 활동과 신속한 거래의 촉진
분산 및 안정	표준화, 규격화를 통한 적절한 수급과 배분으로 소매 시장의 분산 및 거래 가격의 안정을 구축
물류 비용의 절약	대량 출하 및 유통 경로 단축에 따른 운임 및 기타 여러 비용의 절감
거래상의 안전성 제고	상법의 범위 내에서 거래 형성 및 신뢰 기반의 확보
세금의 증대	대량 집하 및 분산을 통해 통제 조절, 효율적인 물가 정책 수행, 탈세 방지

[표 2-1] 도매시장의 역할과 기능

(2) 도매시장 종사자의 종류와 역할

① 개설자

도매시장은 특별시 · 광역시 또는 시가 개설자가 될 수 있으며, 중앙 도매시장은 농림부 장관의 허가를 받아 개설할 수 있다. 그리고 지방 도매시장은 특별시 · 광역시는 직접 개설하고, 시의 경우는 도지사의 허가를 받아 개설한다. 개설자는 관리 사무소를 설치하여 시장의 시설물 관리, 거래 질서 유지, 유통 업무 종사자의 지도감독, 유통 정보의 수집 · 전파, 상품 규격화, 등급 결정, 포장 개선, 선도 유지 등의 업무를 수행한다.

② 운영 법인

도매시장 거래의 양대 축은 생산자를 대신해서 농산물을 제값을 받고 판매해 주는 도매시장 법인 또는 공판장과 소비자를 대신해서 신선한 농산물을 값싸게 구입하여 주는 중도매인이다.

③ 중도매인

도매시장에서 경매에 참가하여 농산물을 구입하고 소매상 등에 분산시키는 역할을 하는 사람들이 중도매인이다. 중도매인은 도매시장에 상장된 농산물을 감정·평가하며 농산물의 수급 사정을 파악하고 경매에 참가하여 거래 가격을 결정하며, 구입한 농산물을 소매상 등에 분산시켜 주고 구입한 상품의 일시적인 보관 및 가공 등의 기능을 담당한다.

따라서 중도매인은 농산물을 가능한 한 싼값에 구매하여 신속하게 소매상 등에 분산시켜 줌으로써 고객을 확보하게 된다. 실제 중도매인이 물량을 분산하는 방식은 중개 또는 도매로 구분된다.

④ 매매 참가인

매매 참가인은 경매에 직접 참여하여 농산물을 대량으로 직접 매수하는 가공업자, 소매업자, 소매업자협동조합, 수출업자, 소비자 단체 등 실수요자를 말하며, 경매의 활성화 및 중도매인의 견제, 유통 단계의 축소를 도모하여, 유통 비용 절감 효과를 볼 수 있다. 향후 조직적 대형 소매 기구가 발전하고, 상품의 규격화 등이 개선되면 보다 활성화될 것으로 전망된다.

⑤ 산지 유통인(수집상)

산지 유통인이란 도매시장 또는 공판장 개설자에게 등록하고 농산물을 산지에서 직접 수집하여 농산물 도매시장 또는 공판장에 출하하는 영업을 하는 자로서 도매시장법인이나 중도매인 및 이들의 주주 또는 임직원은 당해 도매시장에서 산지 유통인의 업무를 할 수 없으며, 특히 산지 유통인은 등록된 도매시장에서 농산물의 출하 업무만 할 수 있으며 판매, 매수 또는 중개 업무는 할 수 없다.

(3) 도매시장 거래 체계

공영 도매시장은 지방자치단체가 농수산물의 도매 거래를 위해 중앙 및 지방정부의 공공투자에 의해 도시 지역에 개설한 시장으로 농수산물 유통 활성화와 적정 가격 유지를 위해 운영되고 있다. 운영 방식은 출하자가 도매시장에 거래 위탁을 하면 민간 법인이 주로 경매, 정가 · 수의 매매를 통해 중도매인과 거래를 하고 이를 소매상 또는 소비자에게 판매하는 구조이다.

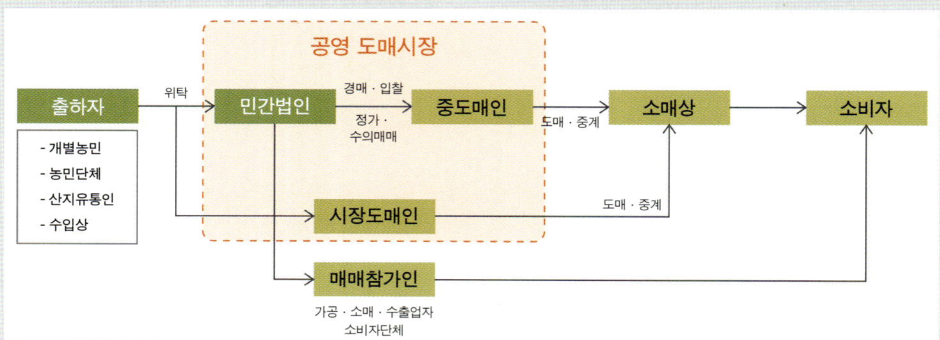

[그림 2-1] 도매시장 거래 체계도

공영 도매시장의 농수산물 경락 정보는 도매시장에 입주하고 있는 민간 법인의 전자 경매 시스템을 통해 관리사업소의 유통관리 시스템에 1차 집계된 후 농정원으로 전송되어 옥답(http://www.okdab.com)과 농식품 공공데이터포털(http://data.mafra.go.kr)을 통해 대국민에게 제공 · 개방되고 있다. 그러나 도매시장 개설 당시 시장별로 구축된 유통관리 시스템의 노후화와 민간 법인별로 동일한 농수산물 품목 · 품종에 각각의 기준에 따라 다른 코드(품목, 거래 규격, 등급, 산지) 사용으로 고품질 농수산물 유통 정보 개방에 한계가 있었다. 이를 개선하기 위해 도매시장별로 사용 중인 유통관리 시스템을 통합 구축하게 되었다.

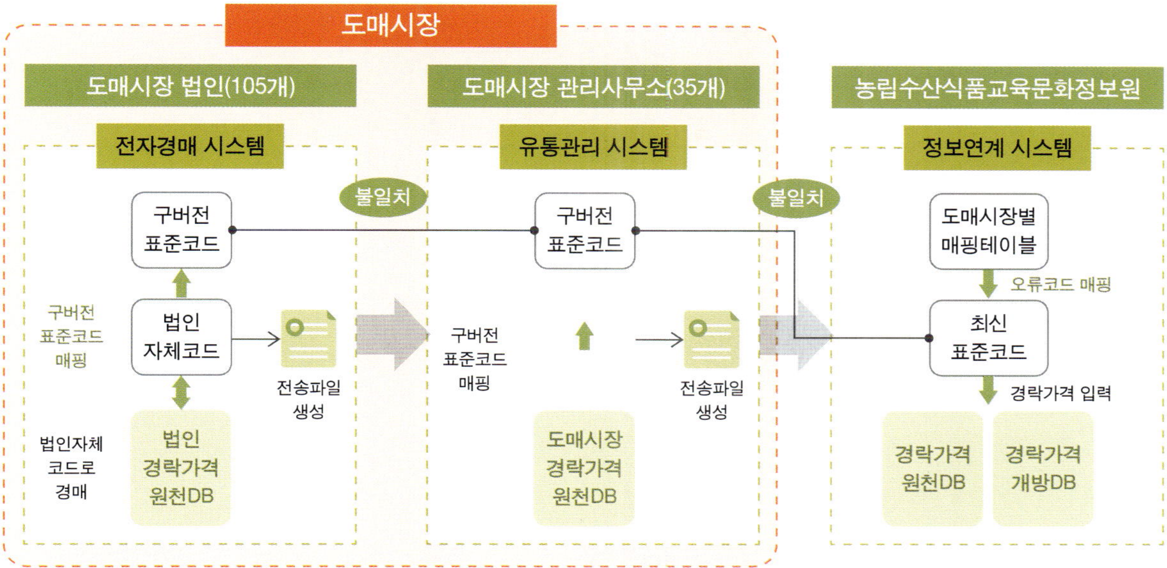

[그림 2-2] (기존) 도매시장별 유통관리 시스템 개별 운영

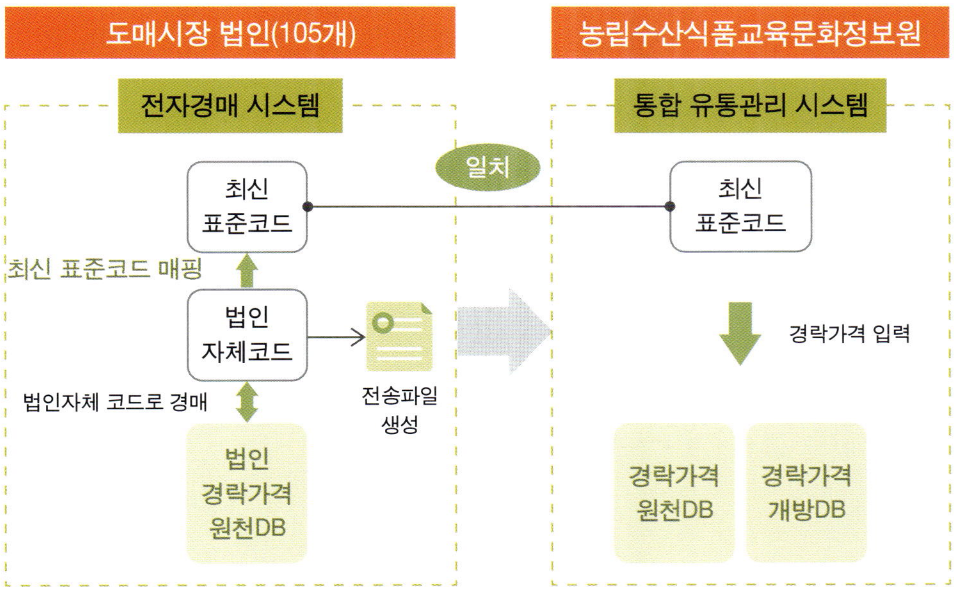

[그림 2-3] (개선)유통관리 시스템 통합 운영

도매시장 법인별 자체 코드			
도매시장	법인	품종코드	품종명
대전오정도매시장	A청과	2010111	월동배추
대전노은도매시장	B원예농협	003003001013	월동배추
부산엄궁도매시장	C청과	21116	월동배추

농수축산물 표준품목 코드	
품종코드	품종명
100104	월동배추

[표 2-2] 도매시장 민간법인별 월동배추 상이한 품종코드 예시

통합 유통관리 시스템은 정부 3.0 가치 실현을 위해 농정원을 비롯한 총 5개 유관 기관이 협업해 농수산물 유통 환경 선진화를 꾀하기 위한 사업으로 '도매시장 관리업무의 혁신'과 '고품질 경락 정보 개방'을 핵심 과제로 삼고 있다. 이에 따라 데이터 기반으로 도매시장 운영의 새 시대가 열릴 것으로 기대되고 있다.

[자료 : 농림수산식품교육문화정보원 보도자료 2016. 12. 15]

3) 소매시장

지역 시장이라고 부르는 소매시장은 소비지에 형성되는 소비자 시장을 의미하며, 유통 과정의 최종 단계로서 도매시장의 주요 식품 구매자이다. 또 소매시장의 활동 주체는 소매상이며, 생산품에 대해서 다음과 같은 역할과 기능을 수행하게 된다.

- 제품의 분산과 공급의 기능
- 시장 및 점포를 통한 판매 활동
- 소매시장의 형태 및 유형의 다양화
- 소비자의 욕구 충족 및 새로운 욕구의 창출
- 상품 전시 및 제반 서비스의 제공

3. 구매시장조사

1) 구매시장조사의 의의

시장조사란 과거와 현재의 상황을 조사한 후 분석을 통해 미래를 예측하는 것으로 구매 수립 계획의 지침을 제공하는 미래 지향적 활동이다. 시장조사는 기업의 활동을 시장 환경에 적응시켜 기업이 추구하는 목적을 달성하기 위하여 전략이나 정책을 세우는데 필요한 정보를 입수하기 위해 각종 자료를 수집하고 분석하는 일련의 과정이다. 따라서 시장조사는 마케팅 활동의 결과에 대한 조사에서 그치는 것이 아니라 문제를 해결하기 위한 의사결정을 위한 기초 조사이기도 하다.

신상품 개발	재료의 종류, 적격성, 적합성, 구입처, 구입 시기의 조사
품질 개선	제품의 품질 개선 및 향상
원가 절감	대체 재료의 활용 및 공정 개선을 통한 원가 절감
경제적 유리성	품질 · 가격 · 선도 등 경쟁력 우위 확보
작업 및 공정 개선	수율(yield)의 향상 및 생산 공정의 개선
가격 결정	구매가격 및 판매 가격 책정을 위한 기준
효율적인 구매 계획 수립	경영 계획에 따른 효율적인 계획 수립(공급처, 시기, 가격, 수량 등)

[표 2-3] 구매시장조사의 의의

2) 구매시장조사의 목적

구매시장을 조사하는 목적은 식품 품목별에 따른 가격을 비교함으로써 시장 상황을 조사하고, 분석을 통해 미래를 예측하는 데 있다. 이는 구매 전략을 수립하는 미래 지향적인 활동이며, 급식업체, 식당, 호텔, 외식업체 등은 위생적이며 신선하고 양질의 식재료를 값싸고 합리적인 가격으로 항상 규칙적으로 공급받기 위함이다. 식품 품목들은 일정 기간 동안 시장에서 거래되는 실제 가격을 조사하여야 하며, 가격의 등락은 물건의 수요와 공급의 관계에 의존하게 된다.

3) 구매시장조사의 내용

구매시장조사를 통해 구매 계획이 수립되면 발주→검수→저장→생산 등의 과정을 거치면서 실행과 통제관리가 진행되며, 이때 합리적인 구매 활동이 이루어지기 위하여 사전에 철저한 시장조사가 선행되어야 한다. 다음은 구매시장조사에서 조사하여야 할 내용이다.

구분	내용
품목	구매 품목 및 리스트작성
품질	물품의 품질, 규격, 가격 고려
수량	보관 및 저장 창고 용량을 고려한 필요량
가격	구매 예정 가격, 도소매 물가지수
구매 시기	납품 간격 · 사용 시기 · 시장 시세를 고려한 구매 시점
거래처	우수한 공급 업체 선정(복수 거래)
거래 조건	납품 방법 · 대금 지급 방법 등 제반 조건

[표 2-4] 구매시장조사 내용

4) 구매시장조사의 기본 원칙

구매시장조사는 예산을 편성한 후 조사 일정을 작성하고, 조사에 참여할 인원, 시간 및 비용을 고려하여야 한다. 1차적으로는 시장조사자가 직접 자료를 수집할 수도 있고, 각종 문헌, 신문, 잡지, 인터넷을 이용할 수도 있다. 조사 방법에는 관련 시장조사, 계절별 분석, 유통 경로 조사, 구매 자료 조사 등의 여러 가지 방법을 사용하는 것이 좋으며, 구매 활동을 합리적으로 하기 위해서는 다음의 원칙을 고려하여야 한다.

구분	내용
비용 경제성의 원칙	비용 경제성의 원칙은 최소의 비용으로 최대의 효과를 내는 것이다. 시장조사는 비용, 시간, 인력 등이 소요되므로 그 비용을 최소화시켜 구매 후 발생하는 효용 이익을 초과하지 않도록 한다.
적시성의 원칙	시장조사 시기는 구매 시점 전에 이루어지는 것을 원칙으로 함으로 구매 여부를 수행하는 일정한 기간 내에서 완료되어야 한다. 구매 업무 수행 시점과 조사 시기가 적절히 이루어지지 않았을 경우 비용과 시간의 손실을 가져올 수 있다.
탄력성의 원칙	시장의 수급 상황과 가격은 여러 환경 요인에 의해 수시로 변동할 수 있다. 그러므로 이미 시장 상황이 변동되어 조사한 자료를 구매 시점에서 제대로 활용할 수 없는 경우도 발생한다. 따라서 시장 상황의 변동에 탄력적이고 유연한 대응이 필요하다.
정확성의 원칙	시장조사의 정확도는 원가관리, 경영관리, 생산관리, 품질관리 업무에 지대한 영향을 미치므로 시장조사의 내용은 정확해야 한다.
계획성의 원칙	시장조사를 실시하기 전에 계획을 철저히 세운 후 시장조사를 하여 시행착오를 없애고 시장조사 비용도 절감하도록 한다.

[표 2-5] 구매시장조사의 기본 원칙

5) 구매시장조사의 종류

구매시장조사는 다음과 같은 네 가지 항목으로 나눌 수 있다.

(1) 기초 시장조사

기초 시장조사는 일반적인 기본 시장조사를 말한다. 즉 가격 현황, 물품 수급 동향, 물가 변동, 구입처의 대금결제 방법 등을 미리 조사하여 구매 정책을 결정하기 위해 실시한다. 따라서 경제 동향을 예측하고 기업의 구매 정책 및 의사결정을 위하여 지속적으로 조사를 해야 한다.

(2) 품목별 시장조사

품목별 시장조사는 물품의 수급과 가격 변동에 적절히 대응하기 위한 조사로써 구매량, 구매 시기, 구매 품목 및 가격 산출을 결정하기 위한 자료로 활용된다.

(3) 구매 거래처 시장조사

구매 거래처 조사는 물품과 관련된 업체의 경영 상태를 파악하는 것이다. 이것은 안정적이고 지속적인 거래가 가능한가에 대해서 거래처의 재무 구조, 경영 조직 및 안정성, 위생적인 안전성, 신뢰도, 납품 실적, 지역성(운송 거리), 취급 품목의 전문성 등을 조사하는 것이다.

(4) 유통 체계 시장조사

생산에서 소비에 이르는 유통 체계는 원가에 직접적인 영향을 주므로 유통 단계별 가격, 물품, 유통 경로, 촉진 등을 조사 및 분석하는 것이다.

식품 재료비의 예산 산출	시장의 변동 상황을 정확히 조사 분석하여 현재 유통되는 식품의 단가를 파악하여 식품비의 산출시 기초 자료로 활용
합리적인 식단 작성	계절 식품을 활용한 식단 계획
경제적인 식품 구매	구매 용도에 맞는 식품 선택, 수량 할인율을 고려

[표 2-5] 구매 식품의 시장조사 목적

6) 시장조사의 방법

조사 방법	조사 내용
문헌 조사	신문, 방송, 물가 동향 정보지, 학계 및 업계에서 발간하는 자료를 수집하여 분석하는 것 (팸플릿, 카탈로그, 설명서, 소개서, 업체명부, 관련 협회지, 유통정보지, 경제신문, 편람, 물가정보지, 정부기관 발행지, 통계자료 등)
전문가 조사	전반적 시장 상황을 물품 제조업체, 소매업자, 납품업자, 은행, 증권사, 기업, 각종 연구소, 민간 조사기관, 도서관, 전문 단체, 공공기관 등의 전문가와 면담을 통하여 정보를 수집하고 물품의 생산, 사용 방법 등의 내용을 조사하는 것
사례 조사	현재 사용하고 있는 사업장의 구매 담당자와 정보를 교환하여 물품의 사용 실례를 조사하는 것 (관련 시장 분석, 시장 점유율 파악, 판매액 분석, 유통 경로 조사 등)
기타 조사	박람회, 전시회, 강연회, 현지답사, 실사조사 등

[표 2-6] 구체적인 시장조사 방법

최근에 각 기업들은 구매시장조사를 위한 전문 부서를 가지고 있다. 구매 담당자는 시장정보를 항상 수집하고 활용할 수 있는 능력을 갖추고 있어야 한다.

다음은 학교급식에서 식재료 구매와 관련하여 시장조사 후 보고서의 예이다.

시장조사 품목	200~280여 종
조사 방법	공동 시장조사
조사 횟수	- 월 2회 정도 - 가격 변동이 거의 없는 공산품 · 잡곡 · 축산물은 월 1회 조사 - 교육청에 따라 공동 조사 1회, 자체 조사 1회
조사 시기 및 시간	월초, 월중
조사반 편성	- 각 지역별 학교 영양사 3인 1조별 - 품목과 시장조사 장소는 순환
조사 장소	- 농산물 - 도매시장 - 수산물 · 공산품 · 잡곡 · 축산물은 특정 브랜드별로 조사 - 공산품은 대형 할인마트, 대리점 등
문제점 분석	- 학교 단위 개별 시장조사와 지역 교육청 단위로 공동 시장조사를 실시하고 있으나 공동 시장조사 현황은 식품명, 식품 표기 방법이 통일되어 있지 않고 각각 다르고, 조사 규격이 구체화되어 있지 않고 조사 기준도 분명하지 않아 조사 품목에 대한 신뢰도가 떨어지고 시장조사 가격 차이도 크며 이에 따라 구매 금액도 큰 차이를 보여 시장조사에 객관성이 미흡함 - 예정 가격 작성을 위한 시장조사에 거래 실제 가격이 전혀 반영되어 있지 않아 학교별 구매금액에 큰 차이를 나타내고 있음

[표 2-7] 지역 교육청별 학교급식 공동 시장조사 실례

4. 식품 유통 체계

1) 식품 유통 체계의 의의

유통이란 생산자로부터 최종 소비자에게 도달하는 과정에서 발생하는 모든 경제 활동을 말한다. 생산자가 소비자에게 직접 판매하는 데 많은 어려움이 따르기 때문에 상품 및 서비스 시장의 연결 통로인 광범위한 구조의 도·소매 판매 조직을 이용하여 생산지에서 생산된 상품을 소비자에게까지 운반해 주는 유통 체계를 말한다.

2) 식품 유통 체계의 기능

유통 기관은 생산자와 소비자 사이를 연결하여 다음과 같은 여러 가지 기능을 수행하고 있다.

(1) 물적 유통(physical flow)

원재료, 부품 등을 생산자에게 운송하여 주고 제품을 소비자에게 운송 배달하는 기능이다. 이 기능을 수행하기 위해서는 운송하고 보관하는 활동을 하여야 한다.

(2) 소유권의 흐름(title flow)

제품의 소유권이 실제로 생산자로부터 중간 상인, 소비자에게로 이전되는 것을 뜻한다.

(3) 대금의 흐름(payment flow)

재화(goods)의 흐름과 반대 방향으로 소비자에게서 도매상, 창고업자, 생산자로 이전되어 가는 것을 뜻한다.

(4) 정보의 흐름(information flow)

공급자, 생산자, 창고업자, 중간상인, 소비자 등의 인접하는 두 당사자의 상호 정보 교환의 기능을 담당한다.

(5) 촉진 활동의 흐름(promotion flow)

유통경로 내의 모든 기관이 다른 기관에게 자신의 서비스를 선전하여 이용하도록 하는 기능을 뜻한다.

5. 식품 유통 체계의 형태

(1) 생산자 – 소비자

가장 단순한 유통 경로로 어떤 제품이 생산자로부터 소비자에게 직접 판매되는 형태를 말하는데, 이 경로는 중간 마진을 없애고 생산자와 소비자가 직접 거래를 함으로써 유통 과정의 간접 경비를 절약하여 서로가 이익을 취하는 경제적인 구매 방법이다.

(2) 생산자 – 소매상 – 소비자

일반적으로 소비 용품에 많이 이용되며 소비용품이 제조업자로부터 직접 백화점, 연쇄점, 협동조합 등의 대규모 소매상에 판매되어 소비자에게 이르게 된다.

(3) 생산자 – 산업 도매상 – 산업 사용자

일반적으로 생산재의 경우에 많이 이용되며 산업용 물품을 소량으로 사용하는 사람들에게 산업 도매상을 통하여 판매하는 경우의 유통 형태를 말하는 것이다. 대량 사용자는 생산자로부터 직접 유통이 가능하나 소량 사용자의 경우는 여러 제약 조건으로 인해 생산자로부터 직접 구매하기 어려우므로 신속하게 배달하여 주고 소량으로 구매를 할 수 있는 산업 도매상을 이용한다.

(4) 생산자 – 도매상 – 소매상 – 소비자

소비 용품 중 특히 편의품에 이용되는 것으로 가장 많고 일반적인 유통 경로이다. 분산적이며 소량 구매를 하고 구매 빈도가 높기 때문에 생산자는 수많은 소매상을 통하여 물건을 판매한다.

(5) 생산자 - 대리상 - 도매상 - 소매상 - 소비자

농산물에 많이 이용되며 농산물의 경우는 생산품이 계절적이거나 소량이어서 독립된 판매 부문을 가질 수 없이 이 유통 경로를 취하게 된다.

(6) 편의품 - 소비자

구매하는데 시간을 소비하지 않고 가장 가까운 상점이나 길목의 상점에서 상품을 빈번히 구매하게 된다.

6. 식품 유통 거래

농산물의 표준 거래 단위(제3조 관련)

종류	품목	표준 거래 단위
과실류	사과	5kg, 7.5kg, 10kg
	배, 감귤	3kg, 5kg, 7.5kg, 10kg, 15kg
	복숭아, 매실, 단감, 자두, 살구, 모과	3kg, 4kg, 4.5kg, 5kg, 10kg, 15kg
	포도	3kg, 4kg, 5kg
	금감, 석류	5kg, 10kg
	유자	5kg, 8kg, 10kg, 100과
	참다래	5kg, 10kg
	양앵두(버찌)	5kg, 10kg, 12kg
	앵두	8kg
	마른 고추	6kg, 12kg, 15kg
	고추	5kg, 10kg
	오이	10kg, 15kg, 20kg, 50개, 100개
	호박	8kg, 10kg, 10~28개
	단호박	5kg, 8kg, 10kg, 4~11개
	가지	5kg, 8kg, 10kg, 50개

채소류	토마토	5kg, 7.5kg, 10kg, 15kg
	방울토마토, 피망	5kg, 10kg
	참외	5kg, 10kg, 15kg, 20kg
	딸기	8kg
	수박	5~22kg, 1~5개
	조롱수박	5~6kg, 2~5개
	멜론	5kg, 8kg, 2~10개
	풋옥수수	8kg, 10kg, 15kg, 20개, 30개, 40개, 50개
	풋완두콩	8kg, 20kg
	풋콩	15kg, 20kg
	양파	5kg, 8kg, 10kg, 12kg, 15kg, 20kg
	마늘	5kg, 10kg, 15kg, 50개, 100개
	깐마늘, 마늘종	5kg, 10kg, 20kg
	대파, 쪽파	5kg, 10kg
	무	8~12kg, 18~20kg, 5~12개
	총각무	5kg, 10kg
	결구배추, 양배추	2~6포기
	당근	10kg, 15kg, 20kg
	시금치, 들깻잎	8kg, 10kg, 15kg
	결구상추	8kg
	부추	5kg, 10kg, 20kg
	마, 생강, 우엉	10kg, 20kg
	연근	5kg, 15kg, 20kg
	미나리	5kg, 10kg, 15kg
	고구마순	10kg, 20kg
	쑥갓, 양미나리(셀러리), 케일	10kg
	붉은양배추(루비볼)	14~16kg, 18~20kg
	녹색꽃양배추(브로콜리), 고들빼기, 머위	8kg, 10kg
	꽃양배추(칼리플라워)	8kg, 10kg, 12kg

	신림초	15kg
	갓	5kg, 10kg
	콩나물	6kg, 10kg
	달래	8kg, 10kg
서류	감자	5kg, 8kg, 10kg, 15kg, 20kg
	고구마	5kg, 8kg, 10kg, 15kg
특작류	참깨, 피땅콩	20kg
	알땅콩	12kg, 15kg, 18kg, 20kg
	들깨	12kg
	수삼	10kg, 15kg, 20kg
버섯류	큰느타리버섯(새송이버섯)	6kg
	팽이버섯	5kg
	영지버섯	5kg, 10kg
곡류	쌀, 찹쌀, 현미, 보리쌀, 눌린보리쌀, 할맥, 좁쌀, 율무쌀, 콩, 팥, 녹두, 수수쌀, 기장쌀, 메밀	10kg, 20kg
	옥수수(팝콘용)	15kg, 20kg
	옥수수쌀	12kg, 20kg

※ 5kg 이하 표준 거래 단위는 별도로 정한 품목 외는 유통 현실에 맞게 규정하지 않음

자료 : 국립농산물품질관리원 고시 제2016 - 55호

7. 식품 유통 체계의 문제점

(1) 품질 유지 관리의 어려움

농수산물은 신선도를 생명으로 하기 때문에 시간이 경과함에 따라 변질되거나 품질의 신선도가 저하되기 쉽다. 따라서 생산지에서 소비자에게까지 유통 과정에서 운송 보관에 적절한 유통 체계를 갖추고 있지 않으면 선도 유지, 즉 품질 유지에 많은 어려움이 따르게 된다.

(2) 성수기·비수기 간의 가격 변동 심화

농수산물은 수확의 성수기와 비수기가 있어 같은 품목에도 가격의 변동이 심하다. 제철이 아닌 경우에는 공급량이 줄어 수요 공급의 원리에 따라 성수기와 비수기 간의 가격 차이가 많다.

(3) 등급 규격화 및 표준화의 어려움

농수산물은 일반 공산품과 달라 품종과 품질이 균일할 수가 없어 상품의 모양, 크기, 질, 선도 등의 규격화나 표준화가 불가능해 유통상의 문제가 많다.

(4) 생산 수급 불안정

농수산물은 수급 물량을 일정하게 계획하여 생산할 수 없으며, 천재지변의 예측이나 생산 농가의 작황을 정확하게 파악할 수 없어 상품 품귀 현상이나 물가 폭등 등 생산 수급의 불안정을 가져오게 된다.

(5) 운반 및 수송비 과다

농수산물은 무게나 부피가 크고 품질 유지상 운송의 신속성의 문제가 다른 공산품에 비해 크기 때문에 운반 및 수송비가 많이 든다.

(6) 영세 농가

소비자의 정보 등을 끊임없이 확인한 후 재배, 수확, 유통 체계 등에 적용해야 되나, 대부분의 영세 규모인 개인 농가는 여러 곳에 산재해 있고, 자신만의 노하우를 바탕으로 생산한 농산물을 소규모로 출하하는 방식을 사용하고 있어 유통 체계의 많은 문제를 가지고 있다.

8. 식품 품질관리

품질은 학자마다 기준이 다르기 때문에 정의하기 매우 어려운 용어이다. 미국품질학회(Americal Society for Quality, ASQ)는 품질(quality)에 대하여 '명시적 함축적 니즈를 만족하는 제품 또는 서비스의 특성', '결함이 없는 제품 또는 서비스의 특성'과 같이 정의하며(www.asq.org), 다음과 같이 설명하고 있다.

- 품질은 프로그램이 아니라 기업에 대한 접근법이다.
- 품질 평가의 주체는 고객이며, 고객은 자신의 만족도에 기반하여 품질을 평가한다.
- 품질은 완벽한 성과를 목표로 하기 때문에 완벽하지 않은 성과는 모두 개선의 여지가 있다.
- 품질은 고객 만족도를 향상시키고, 비용을 절감하여 실수와 재작업을 방지한다.

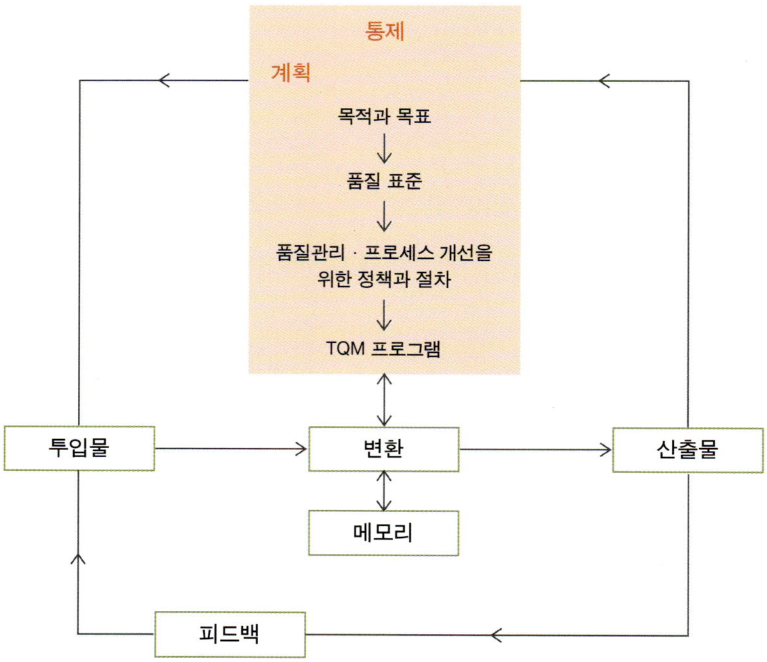

[그림 2-4] 푸드 서비스 시스템의 종합적 품질 경영(TQM)

자료 : 푸드 서비스 경영관리, 서울대학교 식품영양학과 푸드 서비스 & 마케팅 연구실 / 윤지현 외, 2017

기업의 명확한 목적과 목표는 품질을 정의할 수 있는 기준을 제시할 수 있으며, 품질관리, 프로세스 개선을 위한 정책 개발을 위해 활용될 수 있다. TQM의 핵심은 기업의 모든 측면에서 품질이 유지되고 있는지 지속적으로 모니터링하고 평가하는 작업이다. 여기서 피드백은 공정 및 제품의 품질과 관련한 정보를 제공하는 중요한 과정이다.

1) 농식품 7대 국가인증제도

(1) 전통식품 품질인증제도

국내산 농수산물을 주원(재)료로 하여 제조 · 가공 · 조리되어 우리 고유의 맛 · 향 · 색을 내는 우수한 전통식품에 대하여 정부가 품질을 보증하는 제도로 생산자에게는 고품질의 제품 생산을 유도하고, 소비자에게는 우수한 품질의 우리 전통식품을 공급하는 데 있다(실시 근거:식품산업진흥법 제22조 및 같은 법 시행령 제29조).

전통식품
(TRADITIONAL FOOD)
농림축산식품부

전통식품의 품목 지정은 농림축산식품부 장관이 전통식품 산업의 지원과 육성을 위해 필요하다고 인정하는 품목을 전통식품으로 직접 지정하거나 특별시장 · 광역시장 · 도지사의 추천을 받아 이를 지정하여 고시한다.

자료 : 국립농산물품질관리원 홈페이지 2017

인증 신청 (전통식품 생산업체) → 서류 검토 → 공장 심사 → 제품 심사 → 인증위원회 심의 → 인증서 발급 (한국식품연구원) → 인증 표지 표시 (인증 업체)

[그림 2-5] 전통식품의 품질 인증 절차

(2) 유기가공식품 인증제도

유기가공식품 인증제도는 유기 표시의 신뢰도를 높임으로써 소비자를 보호하고, 선의의 사업자로 하여금 고품질의 유기식품을 공급할 수 있도록 장려하는 것을 목적으로 한다.

가공식품을 '유기'로 표시하거나 판매하고자 하는 자는 국립농산물품질관리원에서 지정한 인증기관으로부터 인증을 받아야 하며, 인증기관은 인증을 받고자 하는 사업자의 현장을 확인하여 인증서를 발급하는데, 인증 기관이 「친환경 농·어업 육성 및 유기식품 등의 관리 지원에 관한 법」에 따라 인증 업무를 엄정하게 수행하고 있는지, 인증받은 사업자가 법의 규정을 준수하고 있는지를 검사함으로써 위반 행위가 발생하지 않도록 관리한다. 유기 가공식품 제품 표시 인증 절차는 다음과 같다.

자료 : 국립농산물품질관리원 홈페이지 2017

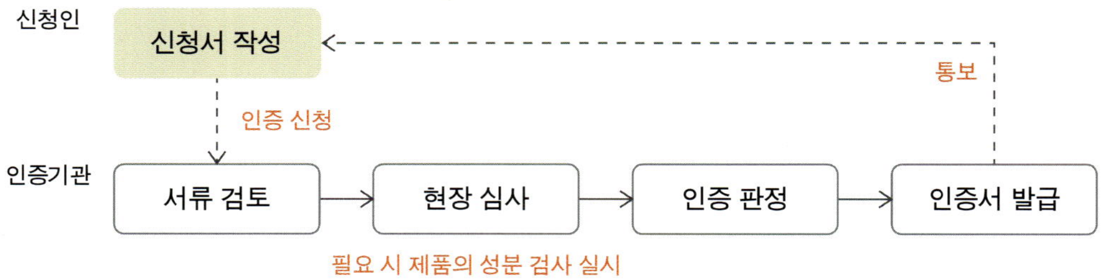

[그림 2-6] 유기 가공식품 제품 표시 인증 절차

(3) 친환경 농산물 인증제도

새로운 친환경 인증 로고는 국가가 인증한 품질 좋고 안전한 농식품임을 알 수 있도록 국새 모양의 초록색 사각 표지로 소비자가 이해하기 쉽도록 단순화하였다.

자료 : 친환경농산물 정보시스템 홈페이지 2017

종류	기준	인증 로고
유기농산물	유기합성 농약과 화학비료를 일체 사용하지 않고 재배(전환 기간 : 다년생 작물은 최소 수확 전 3년, 그 외 작물은 파종 재식 전 2년)	유기농산물 (ORGANIC) 농림축산식품부
유기축산물	유기농산물의 재배·생산 기준에 맞게 생산된 [유기 사료]를 급여하면서 인증 기준을 지켜 생산한 축산물	유기축산물 (ORGANIC) 농림축산식품부

무농약 농산물	유기합성 농약을 일체 사용하지 않고, 화학비료는 권장 시비량의 1/3 이내 사용	무농약 (NON PESTICIDE) 농림축산식품부
무항생제 축산물	항생제, 합성 항균제, 호르몬제가 첨가되지 않은 [일반 사료]를 급여하면서 인증 기준을 지켜 생산한 축산물	무항생제 (NON ANTIBIOTIC) 농림축산식품부

[표 2-8] 친환경 농산물 인증제도

농산물 : 1(유기농산물), 3(무농약)

축산물 : 2(유기축산물), 5(무항생제)

취급자 : 6(재포장과정)

수입자 : 7(재포장과정)

자료 : 친환경 농산물 정보시스템 2017

[그림 2-7] 친환경 인증관리 정보 조회

1999년 친환경 농산물에 대한 인증을 하기 위해 도입된 제도로 농림축산식품부 산하 국립농산물관리원(농관원)이 업무를 전담했다. 2002년부터 민간 업체가 참여하기 시작했고 2017년 6월부터 민간 업체가 모든 인증 업무를 맡고 있다. 농관원은 인증 업무가 제대로 처리됐는지에 대해 사후 관리만 한다.

민간 인증 대행 업체로 선정되기 위해서는 농관원이 정한 인증기관 지정 기준에 따라 인증 심사원을 5명 이상 보유하는 등 일정 요건을 갖춰야 한다. 업체들은 인증을 신청한 농가에 대해 서류 심사와 현장 심사를 통해 적합하다고 판단되면 일정액의 수수료를 받고 친환경 인증서를 내주고 있다.

친환경 인증을 받은 농가는 정부로부터 친환경 농산물 직불금을 지원받을 수 있다. 농식품부 관계자는 "친환경 농산물을 생산하는 농장은 일반 농장보다 그만큼 노력과 비용을 투입하기 때문에 인센티브 지급 차원에서 직불금을 지원하고 있다."라고 말했다. 정부의 시설 현대화 등 사업에서도 우선권이 부여된다. 지방자치단체들도 여러 경로를 통해 친환경 인증 농가를 지원하고 있다.

[네이버 지식백과] 친환경 농산물 인증제도 (한경 경제용어사전, 한국경제신문/한경닷컴)

(4) 지리적 표시제도

지리적 표시제도(Geographical Indication)는 특정 지역의 우수 농산물과 그 가공품에 지역명 표시를 할 수 있도록 해 지역명을 상표권처럼 보호해 주기 위해 도입했다. 국내에서는 국립농산물 품질관리원에서 산지 생산자의 신청을 받아 등록해 주고 있다. 특히 농산물은 지역에 따라 품질과 특성의 차이가 크기 때문에 생산지를 명시하면 유사 제품과의 차별성이 부각돼 소비자의 선택을 돕는다. 고품질을 유지해온 지역민의 노력을 지적재산으로 인정하고 보호함으로써 명맥 유지를 돕는 효과도 있다. 지리적 표시는 품질과 명성 및 역사성을 갖춘 지역 특산물에만 주어지는 권리를 보유하게 되는 것으로 생산된 지역을 표시하는 원산지 표시와는 구별된다.

우리나라는 1999년 「농산물품질관리법」이 제정된 후 2002년 1월 '보성 녹차'가 국내 지리적 표시 제1호 품목으로 등록됐다. 이후 ▷2012년 83건 ▷2013년 90건 ▷2014년 93건 ▷2015년 97건 ▷2016년 100건 등으로 지리적 특성을 가진 우수 농식품의 지리적 표시 등록이 꾸준히 늘고 있다. 대표적인 지리적 표시 품목은 보성 녹차, 청도 한재미나리, 고려 홍삼, 여주 쌀, 단양 마늘, 강화 약쑥, 상주 곶감, 제주 한라봉 등이다.

지역별 지리적 표시 등록 현황

지리적 표시 등록제 도입('99. 7월) 후 100건 등록

- 등록 실적: ('02) 1건 → ('12) 86 → ('13) 93 → ('14) 96 → ('15.7) 100

지역	등록 명칭
경기	이천 쌀, 강화 약쑥, 여주 쌀, 여주 고구마, 김포 쌀, 안성 배, 안성 쌀(7)
강원	철원쌀, 홍천찰옥수수, 횡성 한우고기, 정선황기, 정선찰옥수수, 진부당귀, 홍천한우, 영월고추, 삼척마늘, 원주치악산복숭아, 영월고춧가루, 강릉한과, 인제콩(13)
충북	괴산고추, 괴산고춧가루, 충주사과, 단양마늘, 영동포도, 괴산찰옥수수(6)
충남	서산마늘, 한산모시, 청양고추, 청양고춧가루, 예산사과, 금산깻잎, 서산팔봉산감자, 천안배(8)
전북	고창 복분자주, 순창 전통 고추장, 고창복분자, 군산 찰쌀 · 보리쌀, 무주사과, 군산쌀(6)
전남	보성녹차, 해남 겨울 배추, 고흥유자, 진도홍주, 무안양파, 무안백련차, 광양매실, 보성삼베, 영암무화과, 해남고구마, 함평한우, 진도대파, 영광 찰쌀 · 보리쌀, 여수돌산갓, 여수돌산 갓김치, 담양딸기, 보성웅치올벼쌀, 영광한우, 나주배, 고흥한우, 진도 검정쌀, 거문도쑥, 영광고추, 영광고춧가루, 고흥석류, 진도울금, 고흥마늘(27)
경북	영양고춧가루, 의성마늘, 성주참외, 안동포, 청송사과, 영천포도, 영주사과, 김천자두, 김천포도, 청도한재미나리, 고령수박, 고령감자, 포항시금치(13)
경남	하동녹차, 밀양얼음골사과, 남해마늘, 창녕양파, 서생간절곶배, 함안수박, 사천풋마늘, 의령망개떡, 창녕마늘, 부산대저토마토, 진영단감(11)
제주	제주돼지고기, 제주녹차, 제주한라봉(3)
전국	고려홍삼, 고려백삼, 고려태극삼, 고려인삼제품, 고려홍삼제품, 고려수삼(6)
계	100건(등록 취소 3건 포함)

* 강화 약쑥(인천)은 경기, 서생간절곶배(울산) 및 부산 대저토마토(부산)는 경남에 포함.

[자료 : 농림수산식품교육문화정보원 보도자료 2016. 12. 15]

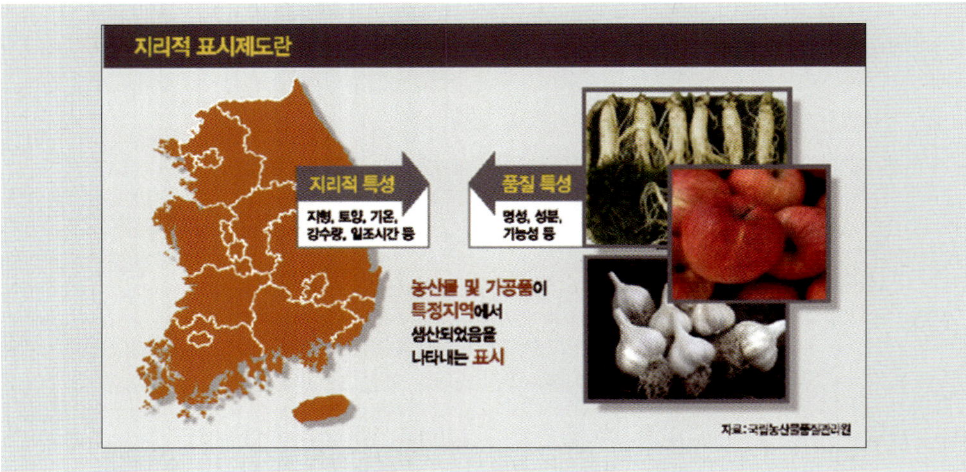

(5) 농산물 우수관리 인증(GAP) 제도

농산물 우수관리 인증(GAP) 제도는 생산 단계에서 판매 단계까지의 농산식품 안전관리 체계를 구축하여 소비자에게 안전한 농산물을 공급하고, 농산물의 안전성 확보를 통한 국내 소비자 신뢰 제고 및 국제 시장에서의 우리 농산물의 경쟁력 강화, 지속 가능한 농업을 통한 농업 환경을 보호하기 위하여 도입되었다.

자료 : 국립농산물품질관리원

연도	인증 품목(품목)	인증기관(개)	관리시설(개)	인증 건수(건)	농가 수(호)	재배 면적(ha)
2016	176	46	802	6,059	74,973	88,859
2015	153	44	717	4,019	53,583	65,410
2014	136	44	681	2,689	46,323	58,763
2013	132	48	756	2,499	46,000	58,703
2012	110	51	718	1,969	40,215	55,215
2011	89	49	606	1,756	37,146	49,548
2010	86	45	565	1,459	34,421	46,701
2009	59	43	484	1,233	28,562	40,081
2008	59	38	417	1,053	25,158	37,129
2007	50	31	316	364	16,769	24,754
2006	45	21	190	220	3,659	1,373

[표 2-9] 연도별 지정 현황

자료 : 국립농산물품질관리원 GAP정보서비스 홈페이지 2017

[그림 2-8] 농산물우수관리인증 및 관리 절차

(6) 가공식품 KS 인증제도

가공식품 표준화(KS)란 합리적인 식품 및 관련 서비스의 표준을 제정 · 보급함으로써 가공식품의 품질 고도화 및 관련 서비스의 향상, 생산기술 혁신을 기하여 거래의 단순 · 공정화 및 소비의 합리화를 통하여 식품산업 경쟁력을 향상시키고 국민 경제 발전에 이바지하고자 하는 제도다.

KS 제품 인증 신청은 한국식품연구원의 '한국산업표준 인증 업무 규정' 별지 제3호 서식(「산업표준화법」 시행 규칙 제9조의 별지 제7호 서식과 같음)의 제품 인증 신청서를 한국식품연구원장에게 제출하여, 최근 3개월간의 관리 실적을 토대로 하여 7개 공장 심사 평가 항목으로 품목별 심사기준에 의거 심사하며, 제품 심사는 공장 심사 시 심사원이 신청인 또는 그 대리인의 입회하에 해당 품목의 심사기준에 따라 시료를 채취하여 한국식품연구원에 제품심사를 의뢰하여 공장 심사와 제품 심사로 구분하여 모두 합격한 경우 인증한다.

(7) 식품명인제도

한국식품명인제도란 전통식품의 계승, 발전과 가공 기능인의 명예를 인정하고 보호, 육성하기 위해 만들어진 제도로써 지정된 전통식품과 명인의 가치를 향상시키는 제도이다. (식품산업진흥법 제14조 및 동법 시행령 제14조 내지 제22조에 근거)

식품명인
(GRAND MASTER)
농림축산식품부

전통식품명인, 일반식품명인으로 지정하며, 지정 대상은 우수한 식품의 계승, 발전을 위해 식품 제조 · 가공 · 조리 등의 분야에서 명인을 지정하여 육성하기 위한 취지이며, 20년 이상 한 분야의 식품에 정진하였거나, 전통 방식을 원형대로 보존하고 이를 실현할 수 있는 자, 또는 명인으로부터 보유 기능에 대한 전수 교육을 5년 이상 이수 받고 그 후 10년 이상 그 업체에 종사한 자여야 한다.

신청자(구비 서류)
→ 시 · 도지사(접수, 사실 조사, 추천 등)
→ 농림축산식품부(검토 및 사실조사, 전통식품분과위원회 및 식품산업진흥심의회 심의를 거쳐 지정 여부 결정)
→ 명인지정서 교부 및 공고

2) 식품이력추적관리제도

식품의 생산부터 소비까지 모든 단계의 식품 이력 정보를 소비자에게 제공하고 식품사고 발생 시 신속한 유통 차단 및 회수·폐기할 수 있도록 한 관리제도로 식품 생산단계에서 전자식별태그(RFID)를 부착, 원재료 정보 등 생산 이력 정보와 물류·유통 단계의 입출고 정보 등을 수집해 소비자에게 제공하고 문제 발생 시 신속한 유통 차단 및 회수·폐기 조치가 가능하다.

식약처는 식품의 제조·가공 단계부터 판매 단계까지 각 단계별로 이력 추적 정보를 관리하여 해당 식품의 안전성 문제가 발생할 경우 위해 발생 원인을 신속히 규명하고 회수 정보 제공을 통해 식품의 안정성을 제고하고 소비자에게 다양한 정보를 제공하기 위해 '식품이력추적관리 시스템'을 운영하고 있다. 「식품위생법」 등을 개정('14년~)하여 위해 우려가 큰 영유아 식품, 조제 유류 및 건강기능식품을 제조·가공·판매·수입하는 영업자에 대하여 이력 추적 관리를 의무화하여 문제 발생 시 신속한 회수를 할 수 있도록 하였고 영업 규모에 따라 단계적으로 적용토록 하였다.

자료 : 식품의약품안전처 2017

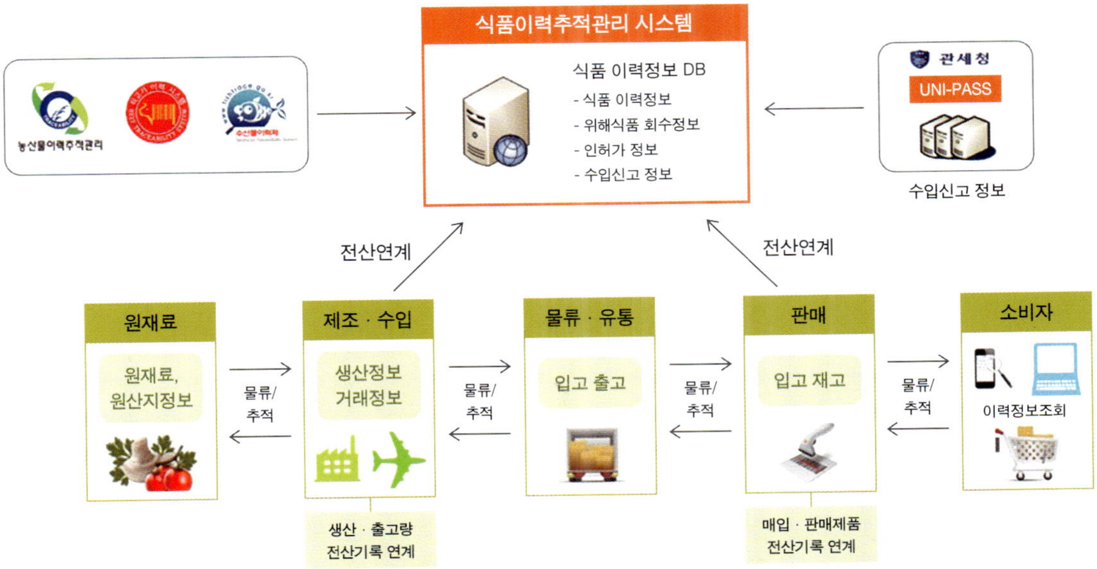

[그림 2-9] 식품이력추적관리 시스템 운영 구성도

현재 식품이력추적관리기준(시스템)을 적용하고 있는 영·유아식, 조제유류, 건강기능식품 제조·가공·수입·판매업소는 5,901개소(11,592품목, '16년 기준)으로 소비자들은 식품이력추적관리 시스템(www.tfood.go.kr)을 통해 이력 등록업소와 적용품목을 쉽게 조회할 수 있다.

(1) 농산물 이력추적관리제도

농산물 이력추적관리제도란 농산물의 안전성 등에 문제가 발생할 경우 해당 농산물을 추적하여 원인을 규명하고 필요한 조치를 할 수 있도록 농산물을 생산부터 판매 단계까지의 정보를 기록·관리하는 것(「농산물품질관리법」 제2조)을 말하는 것으로 신속한 원인 규명과 신속하고 정확한 제품 회수, 표시의 신뢰성 확보에 의한 공정한 거래나 위험관리에 기여, 품질관리·안전관리와 재고관리의 효율화를 목적으로 하고 있다. 농산물의 생산부터 수확 후 관리 단계까지 농약·중금속·미생물 등을 관리하여 농식품 위해요소가 농산물에 혼입되는 것을 최소화하기 위한 목적으로 도입된 '우수농산물관리제도'와는 구별된다. 주요 업무는 다음과 같다.

이력 추적 등록은 품목명·생산자 정보(성명·주소 등)·재배 지역·생산 계획량 등의 사항을 등록 기관(품관원)에 등록하고, 이력 추적 등록을 한 자는 영농일지 등으로 이력 정보를 기록·관리한다.

- 생산 정보: 생산자 정보, 재배지 정보(주소, 면적), 비료·농약 등 농자재의 사용량·사용 시기 등
- 출고 정보: 출하 품목·물량·날짜, 출하처 정보(연락처, 주소 등), 이력추적관리번호 등

(2) 축산물 이력추적관리제도

축산물 이력추적관리제도는 가축의 출생부터 도축 유통까지의 정보를 기록 관리하여, 필요시 그 이력 정보의 추적을 통해 방역 등의 효율성을 확보하기 위한 제도로 가축의 출생·수입 등 사육과 축산물의 생산·수입부터 판매에 이르기까지 각 단

계별로 정보를 기록 · 관리함으로써 가축과 축산물의 이동 경로를 관리하여, 방역의 효율성을 도모하고 축산물의 안전성 확보로 정의할 수 있다.

① 단계별 주요 업무

아래와 같이 가축 및 축산물 이력관리에 필요한 사항을 각 단계별로 기록 · 관리하고 해당 개체 또는 축산물에 표시한다. 단계별 기록 · 관리는 다음과 같다.

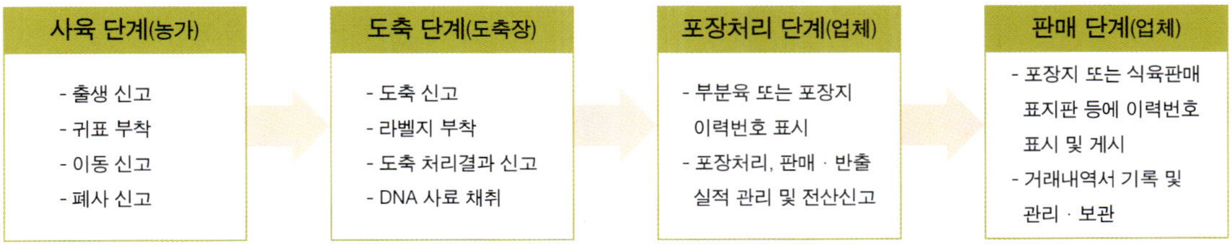

[그림 2-10] 단계별 기록 관리

② 단계별 추진 절차

자료 : 농림축산식품부 2017

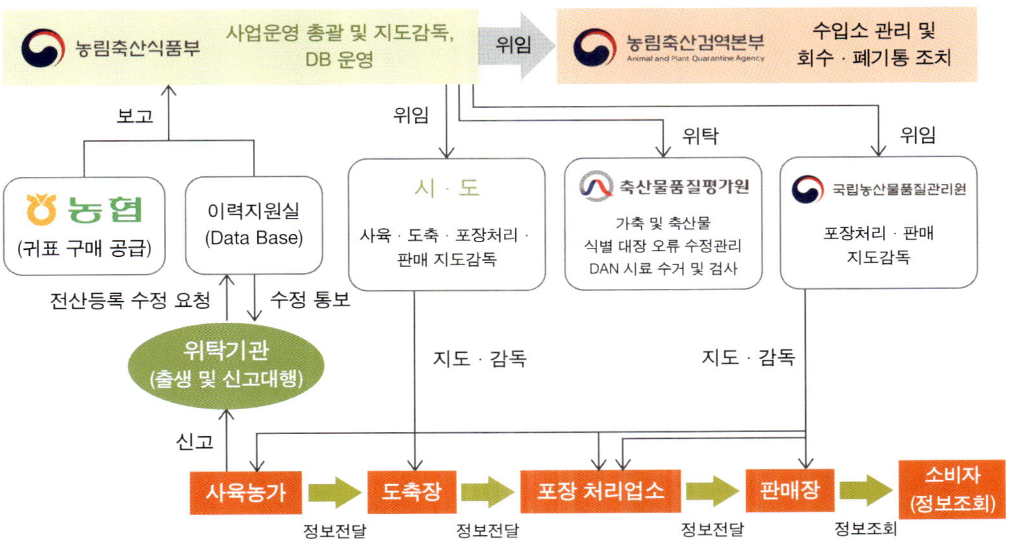

[그림 2-11] 단계별 추진 절차

축산물 이력관리제를 실시함으로써 가축 질병 및 축산물의 위생 · 안전상 문제 발생 시 신속한 원인 규명과 조치로 생산자 및 소비자 등 피해 최소화, 국내산 축산물에 대한 소비자 신뢰 확보로 국내 축산 관련 산업의 경쟁력 강화, 가축 관련 정보를 연차적으로 이력제와 연계하여 가축 개량과 경영 개선 등에 기여할 수 있다.

(3) 수산물 이력추적관리제도

수산물 이력 추적제는 어장에서 식탁에 이르기까지 수산물의 이력 정보를 기록, 관리하여 소비자에게 공개함으로써 수산물을 안심하고 선택할 수 있도록 도와주는 제도로, 식품 안전사고에 대비하여 소비자들이 안심하고 수산식품을 구매할 수 있도록 수산물의 유통 과정이 투명하게 공개되어야 한다. 수산식품의 사고가 발생했을 경우 원인 및 사고 발생 단계를 파악하여 문제 상품에 대한 회수 · 조치가 신속하게 이루어져 피해 범위를 최소화해야 한다.

자료 : 수산물 이력제 홈페이지 2017

구분	수산물 이력제	팜투테이블	축산물 이력제	안전 안심 먹을거리 환경 서비스
도입 시기 (법적)	2008	2008	2008 (사육단계) 2009 (유통단계)	2009
실시 범위	생산, 가공 유통, 판매	생산, 가공 유통, 판매	사육, 도축 포장, 판매	가공, 판매
대상	국산 수산물	GAP 대상 품목	국내 소 전체 및 쇠고기	가공식품 및 수입식품
정보 제공	인터넷, ARS, 스마트폰, 단말기	인터넷, 스마트폰, 핸드폰	인터넷, 스마트폰, 핸드폰, 단말기	인터넷, 단말기, 핸드폰
이력 번호	13자리	12자리	12자리	18자리
로고	수산물이력제 Seafood Traceability System	팜투테이블	축산물이력제 ANIMAL PRODUCTS TRACEABILITY	안전안심 먹을거리 환경서비스 www.tfood.go.kr
관리 부처	국립수산물 품질관리원	국립농산물 품질관리원	농림축산식품부	식품의약품안전처
홈페이지	www.fishtrace.go.kr	www.farm2table.kr	www.mtrace.go.kr	www.tfood.go.kr

[표 2-10] 국내 이력제 사례

(4) 닭고기 · 달걀 이력추적관리제도

축산물 이력제를 담당하는 축산물품질평가원은 2003년부터 달걀 등급 판정을 실시하고 있다. 하지만 달걀 등급 판정은 소 · 돼지와 달리 집하장의 신청으로 이뤄지며 의무가 아니다. 현재 전체 달걀 물량의 7.6%만 산지, 생산자명, 집하장명, 등급 등 이력 정보를 파악할 수 있다.

'계란에 이어 닭에서도 DDT 검출… 불안감 확산'

-JTBC, YTN, 연합뉴스 등 보도(2017.8.23) 관련 설명-

언론 보도 내용

■ 맹독성 때문에 38년 전 판매가 금지된 DDT 성분이 계란에서 나왔던 경북 영천 양계농가 인터뷰

■ 경북 동물위생시험소가 이 농장의 닭을 가져다가 검사를 해봤더니 닭 2마리에서 DDT 성분 허용기준치 초과 검출

■ DDT 성분이 체내에 있는 닭이 유통됐고 소비자들이 이를 먹은 것이 확인되면서 계란에 이어 닭고기 불안감 더 커질 것임

농림축산식품부 설명 내용

■ 정부가 8.15~18일까지 실시한 살충제 계란 검사 시에 DDT가 허용기준치 이하로 검출된 경북 소재 무항생제 인증 2개 농장(경산, 영천)에서 사육하고 있는 닭과 관련하여,

○ 경북도 동물위생시험소에서 시료를 채취하여 검사한 결과(8.23), 각 1수씩 DDT가 허용기준치를 초과 검출되었다.

농장명	소재지	사육수수	1차 검사결과(계란)		2차 검사결과(닭)	
			기준치 (mg/kg)	결과 (mg/kg)	기준치 (mg/kg)	결과 (mg/kg)
박○○	경산시	4,200	0.1	0.028	0.3	0.453
이○○	영천시	8,500		0.047		0.410

* 12수 (영천 8, 경산 4수) 모두 DDT 검출(기준치 이상은 2농가 각 1수, 나머지 10수는 모두 기준치 이내)

○ 경북도에서 현재까지 2개 농장에 대해 조사한 결과,

- 경산 소재 박○○ 농장은 '16년 이후 도계 실적이 없으며, 금일(8.23) 현재 농장 내 모든 닭을 랜더링 처리하였으며,
- 영천 소재 이○○ 농장은 '16.5월 경남 소재 도계장에서 882수 도계 이후 도계 실적이 없는 것으로 파악하고 있으며,
- 경북도는 이와 별도로 2개 농장에서 닭에 대한 추가적인 유통이 있었는지 여부를 면밀히 조사하고 있다.

○ 경북도는 또한 상기 DDT 검출 2개 농장의 닭에 대해서는 금일(8.23)부터 출하를 중지하였다.

■ 정부는 상기 2개 농장의 닭에서 DDT가 검출됨에 따라 국민들의 불안 해소를 위해,

○ 금번 검사에서 부적합된 52개 산란계 농장에서 출하되는 닭에 대해 실시하고 있는 도축장에서의 DDT 등 잔류물질 검사를 모든 산란계 농장에서 출하되는 닭으로 확대 실시하고, 육계, 오리, 메추리에 대해서도 도축장에서의 DDT 등 잔류물질 검사를 확대* 추진할 계획이다.

* '17년 닭, 오리, 메추리 잔류물질 검사 확대(540건 →1천건)

내년(2018)부터 닭고기 · 달걀 이력제 추진(출처 : 대전일보)

닭고기와 달걀에도 이력제(이력추적 관리시스템)가 내년부터 도입된다. 또 농약 취급점의 살충제 등 동물용의약외품 유통 및 판매기록이 의무화된다. 살충제 달걀 검출로 현행 생산 및 유통과정 전반에 문제점이 드러남에 따라 정부가 달걀의 안전성 확보를 위해 전반적인 제도개선을 하기로 했다. 20일 농림축산식품부에 따르면 산란계 농장 1239곳에 대한 전수검사를 완료한 결과 49개 농장에서 부적합 판정을 받았다. 적합판정을 받는 농장은 1,190곳에 이른다. 부적합 판정을 받은 농장 49곳 중 친환경 농장이 31곳, 일반 농장이 18곳이다. 정부는 부적합 판정을 받은 친환경 농장 31곳에 대해서는 인증표시 제거 및 정지 등의 시정명령을 내렸다. 이들 부적합 농장에서 검출된 살충제는 피프로닐이 8개 농장, 비펜트린 37개 농장, 플루페녹수론 2개 농장, 이톡사졸과 피리다벤이 1곳이다. 전국의 수집판매업체, 집단급식소 등에서 유통중인 달걀 291건을 수거한 뒤 3건에 부적합 판정을 내려 전량 회수 폐기 조치했다.

계란 식별번호 확인 방법

※ 지역번호

서울	01	부산	02	대구	03	인천	04
광주	05	대전	06	울산	07	경기	08
강원	09	충북	10	충남	11	전북	12
전남	13	경북	14	경남	15	제주	16
세종	17						

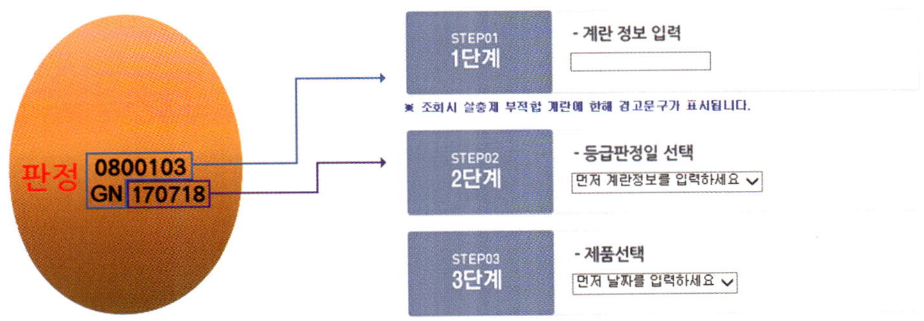

살충제 부적합 등급계란 번호(0800103KN, 0800104KN, 0802402NH, 1000201DM)

조회예시

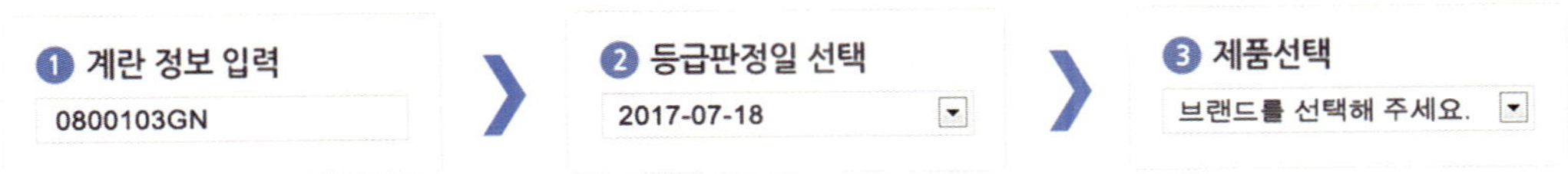

계란 중 살충제 부적합 세부내역 조회(식품의약품안전처)
자료 : 국립농산물품질관리원 2017

3) 식품 표시제도

식약처는 식품에 관한 각종 정보를 제품의 포장이나 용기에 표시토록 함으로써, 생산자는 소비자에게 제품에 대한 정확한 정보를 제공하고, 소비자는 자신에게 적합한 제품을 선택할 수 있도록 하며, 소비자의 알권리 강화 및 식품 표시 가독성 개선 등을 위해 1996년 '식품 등의 표시 기준'을 고시로 제정하여 운영하고 있다. '식품 등의 표시 기준'을 개정하여 '18. 1. 1부터 글자 크기는 10포인트 이상으로 확대하고, 표시사항을 표 · 단락으로 하여 소비자가 읽기 쉽게 개선하였다. 시범사업을 '17. 2월부터 실시하여 포장지에는 유통기한, 원재료, 원산지 등 소비자에게 꼭 필요한 정보만 표시하고, 나머지는 포장지 바코드와 연계하여 통합식품안전정보망을 통해 정보를 제공하고, 어려운 용어는 네이버 백과사전 등의 정보와 연계하여 쉽게 이해할 수 있게 하고 있다. 또한, 식품용 기구를 확인하여 안심하고 사용할 수 있도록 2013년 12월 식품용 기구 구분 표시제를 도입하여, 2015년 금속제, 2016년 고무제, 2017년 합성수지제에 대해 단계적으로 시행하고 있으며, 2018년까지 모든 식품용 기구에 대해 전면 시행될 예정이다.

자료 : 식품의약품안전처, 2017 / * '18.1.1 시행, 포장지에 미리 적용 가능

<table>
<tr><td>제품명</td><td>○○○ ○○</td><td rowspan="8">- (혼입가능성이 있는 알레르기 유발물질 예시) 이 제품은 ○○○를 사용한 제품과 같은 시설에서 제조
- (타법 의무표시사항 예시) 정당한 소비자의 피해에 대해 교환, 환불
- (업체 추가표시사항 예시) 서늘하고 건조한 곳에 보관
- 부정 · 불량식품 신고 : 국번없이 1399</td></tr>
<tr><td>식품 유형</td><td>○○○(○○○○○○○*) *기타표시사항</td></tr>
<tr><td>업소명 및 소재지</td><td>○○식품, ○○시○○구○○로○○길○○</td></tr>
<tr><td>유통기한</td><td>○○년○○월○○일까지</td></tr>
<tr><td>내 용 량</td><td>○○○ g</td></tr>
<tr><td rowspan="2">원재료명</td><td>○○, ○○○○, ○○○○○○, ○○○○○,</td></tr>
<tr><td>○○*, ○○○*, ○○* 함유 (*알레르기 유발물질)</td></tr>
<tr><td>성분명 및 함량</td><td>○○○(○○mg)</td></tr>
<tr><td>용기(포장) 재질</td><td>○○○○○</td><td rowspan="2">영양성분*(열량, 나트륨, 탄수화물, 지방 등) (주표시면 표시 가능)</td></tr>
<tr><td>품목 보고번호</td><td>○○○○○○○○○○○-○○○</td></tr>
</table>

[표 2-11] 식품 등의 표시 기준

(1) 식품 원산지 표시제도

원산지란 농산물이 생산 또는 채취된 국가 또는 지역을 말한다(「농수산물의 원산지 표시에 관한 법률」 제2조 4호).

국제적 거래에 있어서의 원산지는 일반적으로 그 물품이 생산된 정치적 실체를 지닌 국가를 가리키고 국내적으로는 지역 또는 지방을 의미한다고 할 수 있다. 원산지는 가공 · 생산 공정 또는 재배 등의 과정을 거치지 않고 단순히 그 국가를 통하여 거래되었음을 의미하는 경유국, 적출국, 수출국과는 완전히 다른 개념이다.

수입개방화 추세에 따라 값싼 외국산 농산물이 무분별하게 수입되고, 이들 농산물이 국산으로 둔갑 판매되는 등 부정 유통 사례가 늘어나고 있어, 공정한 거래 질서를 확립하고 생산 농업인과 소비자를 보호하기 위하여 '91년 7월 1일 농산물 원산지 표시제도를 도입하였다.

① 국산 농산물 '국산'이나 '국내산' 또는 그 농산물을 생산 · 채취 · 사육한 지역의 시 · 도명이나 시 · 군 · 자치구(이하 '시 · 군 · 구'라 한다)명을 표시한다.

ex) 원산지 : 국산 또는 국내산(지역명 표시 : 충청남도, 서산시)

② 표시는 한글로 한다. 다만, 필요한 경우 한문 또는 영문을 병기할 수 있다.

※ 관련 규정에 의한 표준 규격품의 표시, 우수관리 인증의 표시, 품질인증품의 표시, 이력추적관리의 표시, 지리적 표시, 원산지 인증을 한 경우 원산지를 표시한 것으로 본다.

③ 수입 농산물 및 수입가공품 「대외무역법」에 따른 통관 시의 원산지를 표시한다. 「남북교류협력에 관한 법률」에 따라 반입한 농수산물과 그 가공품은 반입 시의 원산지를 표시한다. ex) 북한산

④ 원산지 표시 대상 업소는 일반 음식점, 휴게 음식점, 위탁 급식소, 집단 급식소이며, 대상 품목은 국산 농산물(220품목), 수입 농산물과 그 가공품 또는 반입 농산물과 그 가공품 161품목, 농산물 가공품(257품목)이다.

원산지 표시 제도는 국제 규범에서 허용하고 있는 제도로서 미국, EU, 일본 등 대부분의 국가가 원산지 표시제도를 운영하고 있으며, 우리나라는 「대외무역법」에 수입 농수산물의 원산지 표시제도입('91.7.1) 후 현재 「농수산물의 원산지 표시에 관한 법률 시행규칙」(2017.1.2.)으로 개정되었다.

(2) 음식점 원산지 표시제도

음식점 원산지 표시는 음식명 또는 원산지 표시 대상 바로 옆이나 밑에 표시하나, 원산지가 같은 경우에는 일괄하여 표시할 수 있다. 원산지가 다른 2개 이상의 동일 품목을 섞은 경우 섞음 비율이 높은 순서대로 표시하여야 한다.

ex 1) 국내산(국산)의 섞음 비율이 외국산보다 높은 경우

소고기 : 불고기(쇠고기 : 국내산 한우와 호주산을 섞음), 설렁탕(육수 : 국내산 한우, 쇠고기 : 호주산), 국내산 한우 갈비뼈에 호주산 쇠고기를 접착(接着)한 경우 : 소갈비(갈비뼈 : 국내산 한우, 쇠고기 : 호주산) 또는 소갈비(쇠고기 : 호주산)

ex 2) 국내산(국산)의 섞음 비율이 외국산보다 낮은 경우

불고기(쇠고기 : 호주산과 국내산 한우를 섞음), 죽(쌀 : 미국산과 국내산을 섞음), 낙지볶음(낙지 : 중국산과 국내산을 섞음)

자료 : 농림축산식품부, 2017

한식(일괄표시)

메뉴판

- 삼겹살(돼지고기 : 국내산)
- 항정살(돼지고기 : 칠레산)
- 육회(쇠고기 : 국내산 한우)
- 김치찌개(배추김치 : 중국산, 돼지고기 : 멕시코산)
- 갈비탕(쇠고기 : 국내산 한우와 호주산 섞음)
- 차돌된장찌개(쇠고기 : 캐나다산)
- 배추김치(배추 : 국내산, 고춧가루 : 중국산)
- 공기밥, 누룽지
- 후식 된장찌개(돼지고기 : 멕시코산)

※ 우리 업소에는 국내산 쌀과 중국산 콩(두부)만을 사용하고 있습니다.

한식(개별표시)

메뉴판

- 삼겹살(돼지고기 : 국내산)
- 항정살(돼지고기 : 칠레산)
- 육회(쇠고기 : 국내산 한우)
- 김치찌개(배추김치 : 중국산, 돼지고기 : 멕시코산)
- 갈비탕(쇠고기 : 국내산 한우와 호주산 섞음)
- 차돌된장찌개(쇠고기 : 캐나다산, 두부(콩) : 중국산)
- 배추김치(배추 : 국내산, 고춧가루 : 중국산)
- 공기밥, 누룽지(쌀 : 국내산)
- 후식 된장찌개(돼지고기 : 멕시코산, 두부(콩) : 중국산)

※ 수입가공품 배추김치의 원산지 표시는 통관시 원산지 표시 사용

[그림 2-12] 음식점 원산지 표시 방법

2017년 7월 농식품 원산지 표시 조기경보 서비스

소비자에게 원산지 표시 위반 개연성이 높은 농식품 품목과 식별 정보를 제공하여 농식품을 안심하고 구입할 수 있도록 알리기 위함

■ 원산지 표시 위반 개연성이 높은 품목 모니터링

단계	품목(수입물량 : 2017.5월말 기준)
경보 (30% 이상)	강낭콩, 양배추, 무(신선), 쪽파, 글라디올라스(절화), 장미(절화), 녹차, 인삼류(홍삼엑스), 홍삼조제품, 인삼액즙, 면양고기, 조란, 난황, 난백, 대추, 양파, 깐마늘, 당근, 쇠고기(한우 등심), 돼지고기(냉장 삼겹), 계란
주의 (10% 이상~ 30% 미만)	귀리, 김치, 당근, 양파, 튤립(절화), 카네이션(절화), 양송이, 쇠고기, 돼지고기, 더덕, 호두, 밤
관심 (0%~10% 미만)	대두, 토란줄기, 구기자, 산양고기, 닭고기, 도라지

* 전년 동기 대비 수입 물량 증가율에 따라 경보 · 주의 · 관심 단계로 구분하되, 소비자 가격이 평년 대비 증가한 품목은 밑줄로 추가함

■ 농산물 도 · 소매 가격 정보

주간 알뜰 장보기
물가정보

☜ 클릭하시면 한국농수산식품유통공사(aT)에서 제공하고 있는 농산물 가격 정보가 연결된다.

※ 누리집: https://www.kamis.or.kr

■ 원산지 식별정보

국산과 외국산 농산물의 비교사진 및 구별 방법은 상기 품목의 식별 정보를 아래 링크를 통해 확인하시기 바란다.

☜ 클릭하시면 원산지 식별 정보가 연결된다.

※ 누리집: http://www.naqs.go.kr - 정보광장 - 원산지식별정보

■ 원산지 부정유통 신고: ☏ 1588-8112 / www.naqs.go.kr

자료 : 국립농산물품질관리원 홈페이지 2017

Part 03
구매관리 조직

1. 구매관리 조직의 의의
2. 구매관리 조직의 직무
3. 구매 담당자의 자격 요건과 윤리
4. 구매 담당자의 업무

03 구매관리 조직

1. 구매관리 조직의 의의

구매관리의 조직은 물품 구매 업무를 담당한 부서에서 구매 업무를 수행할 인원을 적재적소에 배치하여 효율적인 구매관리를 실시하는 것이다. 이는 수요와 공급의 시장 변화 여건에 따라 구매 업무를 수행하는데 매우 중요한 기능과 역할을 담당하기 때문이다.

보통 대규모 급식소의 경우 집중 구매 방식을 채택하고, 소규모 급식소에서는 독립된 구매 조직이 없어 급식 관리자가 직접 구매 업무를 담당하게 된다. 따라서 조직체의 규모, 구매량과 인건비 절감에 적합한 경제적이고 효율적인 구매관리 조직의 체계화된 조직 편성이 요구된다.

2. 구매관리 조직의 직무

1) 구매관리 조직의 형태

구매관리 조직의 형태는 크게 두 가지로 분류할 수 있다. 즉 독립적 구매 조직과 체인점의 중앙 구매 조직의 형태이다.

독립적 구매 조직	체인점의 중앙 구매 조직
소규모 : 구매 활동은 소유주 중간규모 : 구매 활동은 물품 사용 부서 대규모 : 독립된 구매부서와 창고부서	장점 : 구매 단가가 낮아지고, 분배 과정이 명확함 단점 : 체인점 간의 불화가 발생, 구매 활동은 본사에서 이루어짐

[표 3-1] 구매관리 조직의 특성

2) 구매부서 조직의 직무

구매 활동에서 원활한 물품 공급과 적정 재고관리 유지를 위하여 가장 효과적인 원가관리와 경영 목표를 달성하기 위해서 구매 담당에 따른 직무 내용은 다음과 같다.

구매 담당	직무의 세부 내용
구매 관리자	- 구매 정책의 총괄 업무 - 부서 내 조직관리 및 통제, 교육훈련 - 공급업체와의 연계망 구축
구매 담당자	- 구매 계획 수립 및 발주량의 결정 - 시장조사 - 구매명세서 작성 및 관련 서류 보존
검수 담당자	- 구매명세서와 송장의 대조 - 물품 확인 및 검사 - 물품의 보관 방법 결정
창고 담당자	- 물품의 저장 및 적정 재고 수준 파악 - 창고의 유지관리 - 관련 서류의 기록과 보관
사무 담당자	- 구매발주서의 작성 - 공급업자의 관련 서류 기록 및 보관 - 예산 및 비용의 출납
원가 관리부서	- 원가 및 손익산출, 제무재표의 작성 - 거래처의 대금 지급 - 관련 서류의 기록과 보관

[표 3-2] 구매부서 조직의 직무 내용

3. 구매 담당자의 자격 요건과 윤리

최근 구매 활동에 대해서 점차 강조되어 구매 담당자가 갖추어야 할 다양한 자격을 요구하고 있다. 구매 활동의 주체는 구매 관련자이며, 이를 수행하는 구매 담당자는 개인의 성격, 교육 정도, 업무 수행 능력 및 경험 등이 필요하다.

1) 구매 담당자의 자격 요건

① 청렴, 결백한 인품을 소유할 것
② 신뢰성, 적극성, 근면성, 책임감, 성실성의 사고를 가질 것
③ 상황 발생에 대한 임기응변의 대처 능력이 있을 것
④ 구매 관련 지식 및 다양한 경험을 구비할 것

2) 구매 담당자의 윤리

구매 담당자의 윤리가 강조됨에 따라 구성원이 행동해야 하는 기준이나 표준을 제시한 윤리 지침이나 윤리 규범을 마련하여 구매부서 및 구매 담당자에게 제시하고 있는데 이러한 윤리적 자질은 최근 정치, 경제, 사회 등 다양한 방면에서 그 중요성이 강조되고 있다. 윤리 지침과 규범은 반드시 공급업자와 공유하여 바람직한 공급업자와 구매 담당자 관계를 유지하여야 한다.

4. 구매 담당자의 업무

구매 담당자는 물품의 특성, 감별, 관련 법규 및 유통 경로에 대한 전반적인 지식 이외에 경영 기능도 함께 요구하고 있다. 또한, 구매 담당자는 상품 구매 기획자로서 식재료 구입, 생산 및 분배 과정, 서비스 기능까지 전 과정에 대해서 알고 있어야 하고, 다양한 경험을 바탕으로 새로운 거래처의 발견, 신상품 개발 및 상품 기획 등의 업무를 수행한다.

업무	업무의 세부 내용
물품 구매 총괄 업무	- 구매계획서 작성 - 구매 결과 분석
식재료 결정	- 발주 단위 결정 - 신상품 개발
구매 방법 결정	- 품목별로 경쟁력 있는 구매 방법 결정
시장조사	- 경쟁 업체 가격 분석 및 시세 분석
공급업체 관리	- 공급업체 관리 및 평가 - 공급업체별 구매 품목 결정
원가관리	- 구매 원가관리 - 경쟁 지수관리
공급업체 등록 및 대금 지급 확인	- 공급업자와의 약정서 체결 - 대금 지급 업무
고객관리	- 식재료 모니터링 - 식재료 정보 사항 공지

[표 3-3] 구매 담당자의 업무

Part

04

구매 활동

1. 구매의 유형

2. 구매 계약

3. 구매 절차

4. 구매 서식 종류

04 구매 활동

1. 구매의 유형

구매 유형은 급식소의 수, 구매 물량 규모, 구매부서의 존재 유무, 구매 기간, 계약 방법 등에 따라 분류할 수 있으며, 물품의 성질, 구매량 시장 조건, 조직의 규모 및 구매부분의 업무 범위에 따라 달라지기 때문에 이러한 제반사항 등을 모두 충족시키는 구매 형태를 잘 선택해야 한다.

1) 분산 구매와 집중 구매

(1) 분산 구매

분산 구매(decentralized purchasing)는 독립 구매(independent purchasing), 또는 현장 구매, 비중앙 구매라고도 하며 물품을 필요로 하는 부서에서 단독적으로 구매하는 형태이다. 즉 급식소의 운영 책임자(영양사, 점장, 매니저 등)가 필요한 물품을 공급업체로부터 직접 구매하는 형태이다.

(2) 집중 구매

집중 구매(centralized purchasing)는 중앙 구매(centralized purchasing), 본사 구매라고도 하며 구매부서가 독립적으로 존재하여 본사나 조직 전체에서 필요한 물품을 일괄적으로 구매하는 형태이다.

구매 방법	특징	장점	단점
분산 구매	- 참여 급식소 : 1개 - 구매 물량 규모 : 소량 구매 - 구매부서 : 없음	- 구매 절차가 간단하고 능률적임 - 의사결정이 빠르므로 신속한 구매가 가능함 - 소규모의 구매, 수시 구매 가능	- 소량 구매로 인한 구입 단가가 높아짐 - 공급업체의 거리가 먼 경우 적정 시기에 구매가 어려움
집중 구매	- 참여 급식소 : 1곳 이상 - 구매 물량 규모 : 대량 구매 - 구매부서 : 있음	- 대량 구매에 따른 비용 절감 효과가 있음 - 구매부서에서 총괄적으로 구매 업무를 담당하여 전문성과 경쟁력 제고가 가능함 - 공급업체 관리가 용이하고 재고량이 감소함	- 다품목 취급으로 구매 절차가 복잡함 - 물품 청구에서 재고관리까지 장시간이 소요됨 - 긴급 품목의 발주시에 불리함

[표 4-1] 분산 구매와 집중 구매의 특징, 장 · 단점

2) 정기 구매와 수시 구매

(1) 정기 구매

정기 구매는 계속적으로 사용하는 물품을 정기적으로 구매하는 경우로 창고의 물품이 재고 수준에 도달하면 자동적으로 구매하거나 구매 생산 계획에 의하여 구매하는 형태이다. 쌀, 조미료 등의 구매에 적합하다.

(2) 수시 구매

수시 구매는 부정기적 구매라고도 하며, 구매의 필요성이 느껴진 때마다 수시로 구매 행위가 이루어지는 방법으로 비정상적인 상황에서 돌발적으로 즉시에 구매하는 형태이다. 생선, 육류, 채소 등의 신선한 물품 구매에 적합하다.

3) 당용 구매와 장기 계약 구매

(1) 당용 구매

당용 구매는 최단기 구매라고도 하며, 당장 필요한 물품을 즉시 구매해서 사용하는 구매 형태로 소요 시기가 결정되어 있는 품목, 계절 품목, 일시적인 수요 품목, 비저장 품목 등의 구매에 적합하다.

(2) 장기 계약 구매

장기 계약 구매는 대량적이면서 지속적인 구매 물품을 일정 시기마다 일정량을 납품하도록 하는 구매 방법으로, 계획적인 구매 행위가 정기적으로 가능하기 때문에 가격 변동 폭이 적은 구매 형태에 적합하다.

구매 방법	장점	단점
당용 구매	- 재고가 없어서 보관 비용이 절감됨 - 과잉 구매 방지 - 신상품 구입할 경우 적합 - 가격 하락이 예상될 때 적합	- 필요 시기에 구매가 어려움 - 운반 비용 증가 - 소량 구매 및 구매량이 일정치 않아 가격 결정에 불리
장기 계약 구매	- 대량 구매 및 지속적 구매 물품에 적합 - 가격 변동 폭이 적은 구매 물품에 적합 - 일정한 가격으로 물품의 안정적 공급이 이루어짐	- 소량 구매 및 다품종 구매 시 적합하지 않음 - 긴급하게 구매할 품목이 있을 때 불리함

[표 4-2] 당용 구매와 장기 계약 구매의 장 · 단점

4) 공동 구매와 창고 클럽 구매

(1) 공동 구매

공동 구매(group purchasing, cooperative purchasing)는 소속이 다른 여러 급식소가 공동으로 협력하여 구매하는 방법으로, 여러 급식소가 공동으로 협력하여 구매

하는 것은 중앙 구매와 같은 점이 있으나, 공동 구매는 여러 급식소가 다른 조직에 속해 있는 반면, 중앙 구매는 여러 급식소가 같은 조직에 속해 있는 점에서 다른 특징이 있다.

(2) 창고 클럽 구매

창고 클럽 구매는 창고형 점포 또는 웨어하우스 스토어(warehouse store)라고도 하는데, 철저한 저가격 정책을 실시하고 다품목을 취급하는 구매 형태이다.

구매자가 직접 창고에 진열되어 있는 물품을 구매하는 경우로 종업원에 대한 서비스가 없기 때문에 구매 가격이 매우 저렴하지만 급식소에서는 잘 활용하지 않는 구매 방법이다.

5) 일괄 위탁 구매

일괄 위탁 구매(one stop purchasing single-sourcing)는 소규모 급식 업체에서 주로 이용하는 방법으로, 구매 물품량이 소량이면서 다품종인 경우 특정의 공급업자에게 구매 원가를 명백히 책정해서 일괄 위탁하여 구매하는 형태이다.

이러한 구매 방식은 구매 물품에 대한 내용을 명확히 파악하기 어려울 때 유리한 방법으로, 공급업체의 신뢰성과 효율성이 가장 중요한 요소로 작용된다.

6) JIT 구매

JIT 구매(just in time purchasing)는 채소, 과일, 고기, 생선과 같은 신선한 식품을 급식생산에 필요한 경우에만 즉시 구매하여 사용하는 방법으로, 재고를 보유하지 않고 곧바로 조리장으로 이동하여 급식 생산에 사용하는 형태이다.

구매하고자 하는 물품이 시장에 지속적으로 공급될 때, 필요할 경우 언제든 구매가 가능하여 재고량의 최소화와 구매 비용의 절감화 효과가 있다.

7) 리스

리스(lease)는 소비자가 상품에 대한 사용권을 계약에 의해 일정 기간 대여하는 형태로, 고가품목의 경우 사용자의 초기 투자비가 과다하거나 투자비 최소화의 필요성이 있을 때 활용하는 방법이다. 세제상 비용으로 처리되며, 최신 제품 사용에 유리하고, 관리에 따른 비용 절감 효과를 기대할 수 있는 장점이 있다.

2. 구매 계약

1) 계약의 성립

구매 계약은 구매할 물품에 대한 어떤 내용의 계약을 체결할 것을 상대방에게 요청하는 청약 행위와 이에 대한 상대방이 제시한 계약 내용에 합의를 표명함을 나타내는 승낙으로 성립한다.

구매 계약의 법적 효력은 '입찰'이라는 청약 행위가 '낙찰'에 의해 승낙되어 그 승낙된 사실이 낙찰자에게 통보된 후 낙찰자가 이를 접수한 순간부터 발생한다. 이와 같은 계약의 효력은 계약의 해제 또는 종료로 소멸된다.

2) 구매 계약 방법

구매 계약 방법에는 공식적 구매 방법인 경쟁입찰계약과 비공식적 구매 방법인 수의계약이 있다.

계약
- 1) **경쟁입찰계약**
  - (1) 일반 경쟁입찰 : 계약 내용을 공고하여 불특정 다수인을 상대로 경쟁입찰하는 방법
  - (2) 지명 경쟁입찰 : 특정한 업자를 지명하여 계약 조건을 제시한 후 입찰시키는 방법
- 2) **수의계약** : 경쟁을 하지 않고 자격있는 특정인과 단독 계약을 체결하는 방법
  - 단수 견적
  - 복수 견적

(1) 경쟁입찰계약

구분	경쟁입찰계약	
	일반 경쟁입찰	지명 경쟁입찰
특징	경쟁자의 제한이 없이 모든 공급자에게 입찰 및 계약에 관한 모든 사항을 신문에 공고 또는 게시하여 응찰자를 모집하는 방법	구매자 측에서 지명한 몇 개의 다수 업체에게만 공고하여 응찰자를 모집하는 방법
장점	- 공평하고 경제적이다. - 다수의 참가로 인한 숨은 업자 발견이 용이하다. - 정실 및 의혹을 방지할 수 있다.	- 경비가 절약되고 절차가 간편하다. - 책임 소재가 명확하다. - 계약 이행의 확실성이 보장된다. - 질문 등에 대한 해답이 간단히 처리된다.
단점	- 자본, 신용, 경험이 불충분한 업자가 응찰하기 쉽다. - 긴급할 때 조달 시기를 놓칠 수가 있다. - 공고부터 낙찰까지의 수속이 복잡하다. - 업자의 담합으로 낙찰이 어려울 때가 있을 수 있다.	- 계약에 있어 독단적 기운을 조성한다. - 업자 간의 업무 내용이 동일하므로 업자 간에 담합할 기회가 많다.

일반 경쟁계약의 절차는 ① 공고 → ② 입찰 → ③ 개찰 → ④ 낙찰 → ⑤ 계약 체결 의 순서로 한다.

① 공고 : 어떤 물품을 언제까지 얼마만큼 사겠다는 것을 알리는 단계로써 계약 내용, 조건, 자격 등을 신문, 관보, 홈페이지 및 기타 매체를 통해 공고하며, 기간은 보통 5~10일이다.

② 입찰 : 공개입찰일 경우 원칙적으로 입찰 자격 제한을 두어서는 안 되며 2인 이상의 업자가 입찰함으로써 경쟁이 성립된다. 업체는 납품 가격, 품질, 납품 시기 등을 명시한 입찰서를 직접 제출하든지 우편을 이용하기도 한다.

③ 개찰 : 개찰은 공고에 표시한 날짜와 장소에서 입찰자 면회하에 공개한다. 단 우편 입찰 시는 입찰자의 입회 없이 제3자의 입회하에 개찰할 수 있으나 입찰자는 일단 제출한 입찰서의 교환, 변경, 취소를 할 수 없다.

④ 낙찰 : 낙찰은 계약 대상자를 선정하는 과정으로 입찰에 의하여 업자의 청약을 승낙받는 법률 행위이다. 경쟁입찰에서는 최저 가격 입찰자에게 낙찰되나 적

격자가 없을 시는 재입찰을 할 수도 있다.

⑤ 계약 체결 : 목적, 금액, 이행 기간, 보증금액, 계약 위반시 보증금의 처분, 위험의 부담 등을 계약서나 구매 약정서에 상세히 기술하고 서명하여 계약을 체결한다.

(2) 수의계약

수의계약은 경쟁을 하지 않고 특정인과 계약을 하고 거래하는 방법으로 소규모로 인한 구매량이 적거나 특정 품목으로 취급 업체가 적을 때 또는 물가 변동이 심해서 일정 기간 낙찰가격으로 구매가 불리할 때, 수시로 물품 공급과 절차상의 간편이 요구되고 특정 업자와의 계약이 유리하다고 판단될 때 사용되는 방법이다.

<table>
<tr><th>구분</th><th colspan="2">수의계약</th></tr>
<tr><th>특징</th><th>단일 견적 계약 방법</th><th>복수 견적 계약 방법</th></tr>
<tr><td>장점</td><td>비공식적 절차로 한 업체에서만 받는 단수 견적에 의한 방법</td><td>둘 이상의 업체에서 견적서를 받아 비교 검토하는 방법</td></tr>
<tr><td rowspan="2">단점</td><td colspan="2">- 절차가 간편하여 경비와 인원을 줄일 수 있다.
- 신용이 확실한 업자를 선정할 수 있다.
- 신속하고 안전한 구매가 가능하다.</td></tr>
<tr><td colspan="2">- 구매자의 구매력이 제한된다.
- 불리한 가격으로 계약하기 쉽다.
- 의혹을 사기 쉽다.
- 숨은 유능한 업자를 발견하기 어렵다.</td></tr>
</table>

3) 구매 거래처 실태조사

거래처 또는 판매자들이 적정한 품질의 상품을 적정한 시기에 적절한 양만큼 적정 가격으로 공급할 수 있는 능력이 있는 지를 판단하는 자료로써 품질에 대한 신뢰성과 충분한 공급 능력, 저렴한 납품 가격, 정확한 납기의 엄수성 등 성실한 책임감과 협력성 및 최신 상품에 대한 정보 공급 능력을 평가하기 위한 자료이다.

4) 구매 거래처의 선정 기준

구매 거래처는 둘 이상의 거래선에서 객관적인 자료인 타업체 거래 실적, 신용도, 견적서 등을 참조하여 경쟁 가격과 좋은 품질을 납품받을 수 있도록 구매업체 선정 기준표를 작성하여 얻어진 결과에 의하여 결정한다.

① 취급 식품 품목에 대한 전문적인 지식이 있는 업자
② 식품의 위생적인 반입 경로와 취급관리
③ 지정 일자와 납품 장소에 무리가 없는 지역적인 조건 구비
④ 품질과 가격에 경쟁력이 있는 업자
⑤ 우수한 타거래 실적과 경영 상태가 양호한 업자

3. 구매 절차

구매 절차는 단체급식을 포함한 모든 기업의 경영 활동에 필수적인 요소이며 조직의 목적, 조직의 형태 및 특성, 경영 상태 등에 따라 다양한 방법으로 수행될 수 있으나, 일반적으로 수행되는 기본적인 절차는 아래와 같다.

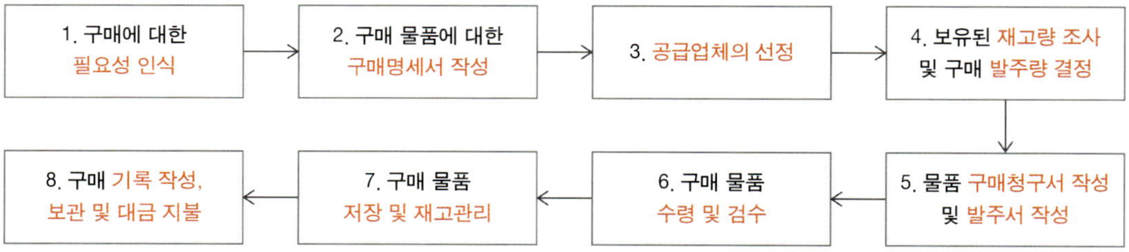

[그림 4-1] 구매 절차

1) 구매에 대한 필요성 인식

단체급식에서 구매 업무는 지난 과거 소요된 식자재, 식수 인원 및 예산 금액 등 투입과 수요 예측에서부터 출발된다. 쉽게 말해 단체급식 업체의 주어진 상황에서 상품이나 서비스의 구매 필요성을 인식하는 단계라 말할 수 있다. 단체급식의 영양사는 조리부서에서 사용하는 모든 재료에 대한 관리를 바탕으로 소요 재료에 대한 재고 상황 등을 판단하고 적정 재고 유지를 위해 구매부서에 필요 물품의 구매를 요청하게 된다. 구매부서는 그 물품의 구매량과 품질에 대해서 면밀한 검토 및 확인 과정을 거친 후 구매에 대한 필요성을 인식하게 된다.

2) 구매 물품에 대한 구매명세서 작성

구매명세서 작성은 단체급식에서 영양사가 구매에 대한 필요성을 인식한 후 식자재 구매를 위해 가장 처음으로 작성하는 문서로 급식 사업장에 따라 형식 및 형태가 달라질 수 있다. 일반적으로 구매명세서에 포함되는 내용은 품명, 단가, 가격, 규격 및 요청 내용 등 필요 식자재에 대한 간략한 정보가 나타나도록 작성된다. 구매명세서의 가장 중요한 기능으로 제품(식자재)의 표준 품질 유지에 중요한 역할을 한다.

3) 공급 업체의 선정

구매에 대한 필요성이 인식되고 구매명세서가 작성되면 단체급식의 영양사는 물품 구매를 어디에서 할 것인지 결정하게 된다. 단체급식의 영양사는 일반적으로 아래 기준에 따라 공급 업체를 선정한다.

① 공급 업체의 지리적 위치 및 교통 사정
② 공급 업체의 식자재 가격 및 품질
③ 공급 업체의 인적관리 능력(서비스 및 사후 조치 등)
④ 공급 업체의 자금 능력
⑤ 공급 업체의 시설 및 주 취급 품목

이상의 기준에 따라 공급 업체를 선정하게 되면 사업장 규모가 다소 작은 단체급식소의 경우 구매부서가 따로 존재하지 않고 영양사가 직접 구매 품목과 수량을 결정하고 필요한 물품을 구매할 수 있는 업체를 선정하게 된다. 사업장 규모가 큰 단체급식소의 경우 공급 업체를 선정하여 계약하는 방법으로 구매가 이루어진다. 구매 계약 방법에는 경쟁입찰계약 또는 수의계약에 의해 이루어진다. 앞서 언급했듯이 소규모 급식 사업장의 경우 여건 및 상황에 따라 자율적으로 구매 방법을 경정할 수 있지만, 사업장의 규모가 큰 단체급식소의 경우 경쟁입찰계약으로 대부분의 식자재를 구매한다. 그러나 구매 물품이 소량일 경우 수의계약을 통해 물품을 구입하는 경우도 있다. 또한, 경쟁입찰 및 수의계약을 할 경우 공급 업체의 상품관리 능력, 위생관리 능력, 가격 경쟁력, 신용도, 성실 · 협력 정도 및 납기 이행 능력 등에 따라 업체를 선정하여 구매가 이루어지도록 한다.

4) 보유된 재고량 조사 및 구매 발주량 결정

단체급식의 영양사는 보유된 재고량에 따라 발주량을 경정하게 된다. 장기 저장이 가능한 저장품의 경우 1개월, 2개월 또는 분기 및 6개월 단위로 구매하는 경우가 있으나 비저장품의 경우 표준 레시피(recipe)의 1인분 양×식수 인원 분량으로 결정하게 된다. 발주량 산출 시 매우 중요하게 고려되어야 할 사항으로 식품의 폐기율, 저장 시설 용량, 재료 특성, 계절적 요인에 따라 고려되어야 한다. 특히 식품 폐기율에 따른 발주량 결정은 구매에 있어서 가장 중요한 요소이다.

5) 물품 구매청구서 작성 및 발주서 작성

대규모 단체급식 업체의 경우 구매부서가 독립적으로 존재하여 영양사의 보고에 따라 구매의 필요성을 인식하고 물품 구매청구서를 작성하여 영양부서와 구매부서 간 기록되는 공식적인 문서라 할 수 있다. 다시 말해 영양부서의 공식적인 업무로 구매청구서(구매요구서)를 작성하여 구매부서에 제출함으로써 구매를 공식적으로 의뢰하게 된다. 반면 소규모 단체급식 업체의 경우 구매부서가 따로 존재하지 않아 구매 절차에서 상기 과정이 생략되기도 한다.

영양사의 판단에 따라 구매해야 할 식자재의 종류 및 수량이 결정되면 공급 업체에 보내는 문서로 주문서, 구매전표, 발주전표라고도 하는 발주서를 작성하게 된다. 다시 말해 발주서는 구매청구서를 바탕으로 영양사 또는 구매부서가 작성하여 공급 업체에 보내는 법적 효력이 있는 문서라고 할 수 있다.

6) 구매 물품 수령 및 검수

단체급식 영양사 또는 검수 담당자는 발주서에 근거하여 배달된 물품을 검수 담당자로서 검수를 실시한다. 이때 검수 담당자는 배달된 물품에 대해서 발주서를 기준으로 꼼꼼히 대조하여 확인하여야 한다. 검수 시 물품의 하자를 발견하거나 발주서와 상이한 물품이 배달되었을 경우 반품서를 작성하여 즉각 반품 처리를 요청하여야 한다.

납품된 물품과 주문한 내용, 납품서 대조 및 품질검사 등 검수 항목은 아래와 같다.

① 중량 및 수량 대조 검사
② 신선도, 건조도, 색, 냄새, 원산지 등 발주서 사양과 대조 검사
③ 포장 상태의 파손이나 이물질 혼입 여부 검사
④ 완전 가공식품의 경우 제조연월일, 유통기한 및 품질유지기한 검사
⑤ 냉동, 냉장식품의 경우 배달 온도 상태 점검, 녹은 흔적 검사
- 냉장 운송 차량(10℃ 이하), 냉동 운송 차량(-18℃ 이하) 온도 확인
⑥ 축산물 등급 판정서 확인

7) 구매 물품 저장 및 재고관리

단체급식 영양사는 검수가 완료된 물품들에 대해 입고 날짜, 간략한 제품 설명 등의 꼬리표를 부착하여 저장 창고로 운반하여 저장한다. 또한, 바로 사용되는 재료 또는 여러 상황에 따라서 생산부서나 각 영업장으로 직접 이동되어 사용되는 경우도 있다. 저장고로 이동되는 저장 품목들 중에서 특히 냉동 · 냉장 저장품은 꼬리표를 부착하여 사용되기 편하게 저장해야 한다. 저장 창고에 입고된 물품은 적절한 사용 요구에 따라 출고되며, 창고 담당자에 의해 입 · 출고 및 재고관리가 수행되어 관리하게 된다.

8) 구매 기록 작성, 보관 및 대금 지급

단체급식 영양사 또는 검수 담당자는 검수 후에 검수 일지를 작성하여 검수 시 발생되는 여러 가지 사항에 대해 기록을 하여야 하며, 배달된 물품 중 적절하지 않아 반품한 물품에 경우에도 그 사유를 기록한 반품서와 함께 작성하여 보관하여야 한다.

구매에 대한 모든 기록은 대금 지급의 법적 근거 자료로 활용될 뿐만 아니라 향후 구매 활동의 지침 자료가 되므로 최대한 자세히 기록하여 보관하도록 한다. 다양한 구매 서류 중 향후 대금 지급의 합리성 검증에 필요한 서류로 계약서나 발주서는 중요한 서류이므로 일정 기간 보관하도록 한다.

4. 구매 서식 종류

단체급식 영양사의 업무는 식단 작성, 인원 관리 및 급식소의 전반적인 관리 등 그 업무가 매우 다양하다. 이처럼 다양한 업무 중 식품 구매 활동 부분에 있어 영양사는 각종 서류를 작성하는 등 원활한 급식을 위한 제반 업무를 수행한다. 앞서 언급한 바와 같이 식품 구매 활동에 발생되는 각종 서류로는 구매명세서, 구매청구서, 발주서, 거래명세서, 반품서 및 검수일지 등이 있다. 일반적으로 작성되는 구매 서식 종류는 아래와 같다.

1) 구매명세서

구매명세서는 구매하고자 하는 식자재의 전반적인 특성을 기록한 것으로 일반적으로 품명, 규격, 단위, 가격 및 특징 설명 등의 내용으로 구성돼 있다(표 4-3). 사용자에 따라 물품명세서 또는 시방서라고도 하기도 하지만 공급 업체에 송부하여 구매하고자 하는 물품의 특성을 정확하게 파악한 후 공급할 수 있는 정보를 제공하는데 공통점이 있다. 구매 절차 중 검수 단계에서 배달된 물품의 품질을 대조하고 반품 여부 결정 시 결정적 근거 서류가 되므로 상세하게 작성되도록 해야 한다. 효율적인 영양사 업무를 위해 정확하게 작성된 구매명세서는 필수적이라 말할 수 있다. 구매명세서의 작성 내용을 요약하면 아래와 같다.

① 구매하고자 하는 식자재의 특징에 대해 기록
② 사용자와 공급자 상호 오해 소지가 없도록 간단명료하게 기록
③ 특정 업체만 공급할 수 있도록 특정 제품명, 원산지 등 기록 제한
④ 사용 용도, 검수 시 착안점, 숙성 정도 등 내용을 포함하여 기록

ex) 복숭아의 경우 황도, 백도 등 정확한 내용 기록
소고기의 경우 1++, 1+, 2 등급 등 표시

2) 구매청구서

규모가 큰 단체급식업소의 경우 영양사는 식자재의 구매 필요성을 인식한 후 구매 담당 부서 또는 상위 부서에 필요 품목에 대해 구매를 의뢰하기 위해 물품의 목록 및 수량을 작성하여 보내는 서식으로 구매요구서라고도 한다(표 4-4). 구매청구서에는 청구 순번, 품명, 수량, 단위 및 단가의 내용을 기록한다. 구매청구서는 일반적으로 2부를 작성하여 원본은 구매 담당 부서에 보내고 사본은 급식 생산부서에서 보관한다.

3) 발주서

소규모의 단체급식소의 경우 영양사가 공급 업체에 구매청구서 과정을 거치지 않고 발주서를 보내어 구매 활동을 간편하게 진행하나 대규모의 급식업소의 경우 구매청구서를 바탕으로 구매부서에서 작성하여 공급 업체에 보내는 문서로 주문서, 구매표, 발주전표라고도 한다(표 4-5). 발주서에 포함된 내용으로 발주 기관, 발주 일자, 상품명, 발주 수량, 단위, 발주 금액 및 납품 일자를 기록하여야 한다.

4) 거래명세서

거래명세서는 납품서 또는 송장이라고 하며 단체급식소에 공급 업체가 식자재를 제공할 때 제품과 함께 제출하는 서류로 공급 업자가 작성한다(표 4-6). 거래명세서에 기

재되는 일반적인 내용은 품목, 물품의 설명, 단위, 수량, 단가 및 총 구매 금액 등의 내용이 포함된다. 거래명세서의 경우 급식 업체의 회계부서로 보내져 공급 업체에 대금을 지급하는 근거 서류로 실제 물품이 배달 시 검수 담당자 및 영양사는 입고된 물풀을 발주서의 내용과 비교하여 상세하게 검토해야 한다.

5) 반품서

납품된 물품을 검수할 시 발생되는 서류로 검수 과정에서 수량, 품질 등 발주 내용과 상이할 경우 검수 담당자가 작성하는 문서로 납품한 업체명, 납품 일시, 반품 수량 및 내용 및 반품사유 등을 기록하는 문서이다. 또한, 이미 금액이 지급되었더라도 반품서를 근거로 환불받거나 동일 품목으로 다시 제공받을 수 있도록 적절하게 요청한다(그림 4-2).

6) 검수일지

단체급식의 영양사가 일상적으로 작성하는 서류로 물품명, 납품 일자, 공급 업체명, 수량 및 가격 등을 전반적으로 기록하는 문서이다. 반품 품목이 발생할 때 반품 품목의 반품 사유 등을 자세하게 기록해야 하며, 향후 물품이 재입고될 때 재입고 시기 등을 명확히 기록해야 한다. 검수일지의 활용 방법으로 여러 납품 업체의 납품 시기, 서비스, 식자재 품질 등을 상세하게 기록하여 향후 공급 업체 선정 시 근거 자료로 활용될 수도 있다(표 4-7).

구 매 명 세 서

작성일 :

담당 부서 :

순번	품명	규격	단위	가격(원)	비고
1	달걀	30개/판	판	시중가	위생란, 무항생제란, 2등급 이상
2	고추장	10kg	kg	시중가	국내산, 현미로 만든 고추장
3	깨소금	1kg	kg	시중가	국내산, 1kg/봉(통)
4					
5					
6					
7					
8					
9					
10					
11					
12					
13					
14					
15					
16					
17					
18					
19					
20					

[표 4-3] 구매명세서(예시)

구 매 요 구 서

청구 부서 : ______ 청구 번호 : ______ 청구 일자 : ______

담당	대리	과장	부장	결재

다음의 물품을 구매하고자 함.

순위	품명	규격	단위	수량	단가	용도
1						
2						
3						
4						
5						
6						
7						
8						
9						
10						
11						
12						
13						
14						
15						

[표 4-4] 구매청구서(구매요구서)

발 주 서

부서명 :

납품 일자 :

발주번호	품번	상품명	발주 수량	단위	발주 금액	납품 일자
201702231	002	코카콜라	5	EA	15,326	2017.02.25
	008	베이컨	10	kg	50,000	2017.02.25
201703032	023	당면	6	EA	45,980	2017.03.10
	045	고추장(10kg)	1	EA	30,000	2017.03.10

·
·
·

[표 4-5] 구매 발주서

거 래 명 세 표

No. ________

년 월 일

귀하

아래와 같이 계산합니다.

공급자	등록 번호			
	상호		성명	(인)
	사업장 소재지			
	업태		종목	

원정(₩)							
순위	품명	물품 성명	단위	수량	단가	금액	비고
1	배추/생것	국산, 통배추, 김치용	kg	100	2,000	200,000	
2	파/실파	국산, 쪽파가능, 김치용	kg	2	10,000	20,000	
3	멸치젓	국산, 청정원, 멸치액젓 (99.5%)	통	1	8,500	8,500	

[표 4-6] 구매청구서(구매요구서)

학 교
보관용

식재료 반품 확인서

No. ______

1. 납품 업체명 :
2. 납품 일시 :
3. 품목 및 수량 :
4. 반품 이유 :

확인자 : 학교 직)성명) ㉤

입회자 : 직)성명) ㉤
(납품자)

---------- 절 ---- 취 --- 선 ----------

업 체
보관용

식재료 반품 확인서

No.

1. 납품 업체명 :
2. 납품 일시 :
3. 품목 및 수량 :
4. 반품 이유 :

확인자 : 학교 직)성명) ㉤

입회자 : 직)성명) ㉤
(납품자)

[그림 4-2] 반품서(예시)

식재료 검수서

작성일 :

담당부서:

순번	품명	내용	단위	수량	포장 상태	유통기한	품질 상태	업체명	미흡 사항
1	달걀	위생란, 무항생제란, 2등급 이상으로 신선한 제품	판	5	○	○	○		
2	고추장	붉은색을 띄며 국내산, 현미로 만든 고추장	kg	1	○	○	○		
3	대구/생것	냉동국거리 수입산, 절단된 것, HACCP 인증업체 유무확인	kg	5	△	○	○		포장 표면에 흐림 자국
4									
5									
6									
7									
8									
9									
10									

검 수 대 장

결재	담당	관리자	부서장

No.________________

월일		검수번호	품명	수량	금액	판정결과 (적/부)	납품처	검수자

[표 4-7] 검수서 및 검수대장

Part 05

발주관리

1. 발주의 개념

2. 발주의 절차

05 발주관리

1. 발주의 개념

단체급식에서의 발주란 실제 사용되는 식재료의 원활한 공급을 위해 영양사의 판단 하에 미리 사용량을 예측하여 공급 업체에 주문하는 것이라 할 수 있다. 수요량을 예측하여 발주하는 방법은 여러 가지가 있으나 공통된 목적은 예측된 수요량을 가장 경제적으로 또는 부족하거나 낭비함이 없도록 품목별 재고량의 균형을 유지·확인하고 소비자에게 최상의 급식을 제공할 수 있도록 공급 업무를 운용하는 개념이다. 다시 말해 저장 및 재고와 관련된 총비용을 최소화하는 넓은 의미의 급식 경영 기법이라 말할 수 있다.

2. 발주의 절차

단체급식에서의 발주 절차는 ① 식단 작성 → ② 수요 예측 → ③ 발주량 산출 → ④ 발주서 작성 → ⑤ 발주서 송부 순으로 이루어진다(그림 5-1).

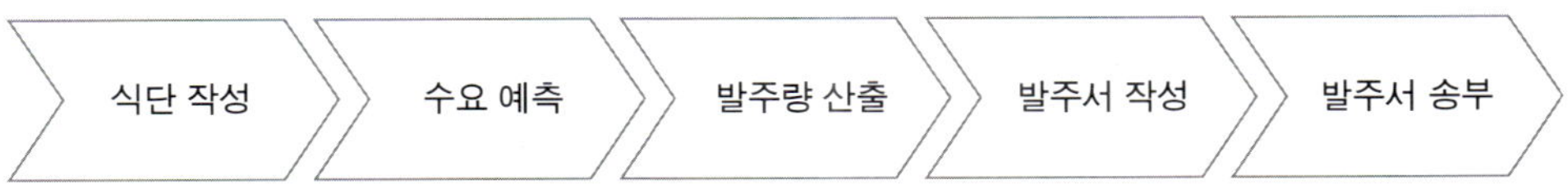

[그림 5-1] 발주 업무의 흐름도

1) 식단 작성

발주 절차의 첫 번째는 식단 작성에서부터 시작된다. 주별 및 월별 작성된 식단과 재고된 양을 토대로 식품의 폐기율, 저장 비용, 저장 요건, 발주에 소요된 비용 등을 고려하여 실제 구매 품목 및 구매량을 경정하는 과정이다. 영양사의 기본 업무인 식단 작성은 과거 식수 분석과 외부 환경 변화를 감안한 식수 수량의 예측이므로 구매 및 생산계획의 기본적인 핵심이라 말할 수 있다. 또한, 식단 작성은 객관적인 수요 예측을 일정 부분 가능하게 할 수 있다. 예를 들어 날씨, 요일, 제공 시간 및 특수한 상황(세미나 등) 등에 과거 소요된 재료들을 객관적으로 기록된 자료로 발주량을 어느 정도 결정할 수 있다. 그러나 현장에서는 식단 작성 자료만으로 발주량을 산출하기는 제한적이기 때문에 정확한 발주량 예측을 위해 식단 작성을 시작으로 과학적 경영 기법들을 활용하고 있다.

2) 수요 예측

수요 예측은 단체급식 발주 절차 중 가장 핵심이 되는 부분으로 식재료의 구매 및 생산 계획에 영향을 지대하게 미치는 과정이다. 수요의 변동 폭이 큰 단체급식의 경우 몇 가지 과학적 기법으로 어느 정도 과학적 예측이 가능한데 정확한 수요 예측은 단체급식 업체의 수익성과 직접적 연관성을 가지므로 매우 중요하다. 수요 예측 방법에는 주관적 수요 예측법과 객관적 수요 예측법으로 구분할 수 있다(표 5-1).

주관적 수요 예측	객관적 수요 예측
▪ 시장조사법 ▪ 델파이기법 ▪ 패널동의법	▪ 시계열 분석법 ▪ 단순이동 평균법 ▪ 가중이동 평균법 ▪ 요일의 경향을 반영한 이동평균법

[표 5-1] 주관적 수요 예측과 객관적 수요 예측

(1) 주관적 수요 예측법

일반적으로 주관적 수요 예측법은 과거의 자료가 없거나 불확실할 때 사용되는 방법으로 전문가의 전문 지식이나 경험자의 견해와 같은 주관적 요소로 예측하는 기법이다. 주관적 요소를 이용하는 방법으로 시장조사법(market research), 델파이 기법(Delphi technique), 패널동의법(peanel consensus) 등이 있다. 그러나 단체 급식 업소에서 주관적 수요 예측법 사용은 제한적이나 급식경영 측면에서 중요한 개념이므로 알아둘 필요가 있다.

① 시장조사법

설문지, 직접 인터뷰, 전화에 의한 조사, 예비 식단 발송 등 여러 가지 방법을 통해 소비자들의 의견을 조사하여 선호도에 따라 수요를 예측하는 방법이라 말할 수 있다. 다른 두 기법에 비해 시간과 비용이 많이 들지만 비교적 정확하다는 장점이 있다.

② 델파이기법

예측하고자 하는 대상에 대해 그 분야 전문가 그룹을 선정한 다음, 전문가들에게 여러 차례 설문지를 돌려 합의를 도출하여 예측치를 구하는 것으로 시간과 비용이 많이 드는 단점이 있다. 예측의 불확실성이 크거나 과거의 자료가 없는 경우에 매우 유용하다.

③ 패널동의법

전문가 집단을 구성하고 구성된 집단에서 논의를 거친 후 공통된 결론을 도출하는 방법이다. 예를 들어 일반적으로 경영자, 판매원, 소비자 등으로 패널을 구성하여 자유롭게 의견을 제시하게 함으로써 공동된 예측치를 구하는 방법이다.

(2) 객관적 수요 예측법

객관적 수요 예측법에는 대표적으로 시계열 분석법(time series model)이 있으며, 객관적인 자료를 토대로 미래 수요를 예측하는 통계적 기법이라 정의할 수 있다.

① 시계열 분석법

과거 식수 인원, 투여 식재료, 매출 금액 등 축적된 자료에 근거하여 미래 수요를 예측하는 방법으로 이동평균법과 지수평활법이 있다.

가. 이동평균법

단체급식소에서 가장 많이 사용되는 기법으로 일정 기간 식수 인원을 고려하여 수요를 예측하는 방법이다. 이동평균법에는 단순이동 평균법, 가중이동 평균법, 요일의 경향을 반영한 이동평균법이 있으며 이들 공통점은 일정 기간 동안의 식수기록에 대한 평균치를 산정하고 미래 수요를 예측한다는 공통점이 있다. 각각 수요 예측 기법에 대한 내용은 아래와 같다.

- 단순이동 평균법 : 과거 일정 기간 동안의 자료에 동일한 가중치를 두어 그 평균값을 미래 예측 수요로 결정하는 방법

	1월	2월	3월	4월	5월
판매식수(명)	560	498	520	530	
수요 예측					?

[표 5-2] 단순이동 평균법 예

→ 5월 식수 인원을 예측한다면? : [2월(498) + 3월(520) + 4월(530)]/3 = 516명

	6월	7월	8월	9월	10월
판매식수(명)	600	580	576	604	
수요 예측					?

[표 5-3] 단순이동 평균법 예

→ 10월 식수 인원을 예측한다면? : [7월(580) + 8월(576) + 9월(604)]/3 = 586.6명

- 가중이동 평균법 : 과거 일정 기간 동안의 자료에 동일한 가중치를 두어 그 평균값을 미래 예측 수요로 결정하는 단순이동 평균법과 달리 최근 실적에 가장 높은 가중치를 두어 수요를 예측하는 방법으로 최고 경영자 판단에 의존한다.

	1월	2월	3월	4월	5월
판매식수(명)	560	498	520	530	
수요 예측					?

[표 5-4] 가중이동 평균법 예

→ 5월 식수 인원을 예측한다면? (단 가장 최근 가중치는 0.8이며 나머지는 각각 0.1이다.) : 2월(498×0.1) + 3월(520×0.1) + 4월(530×0.8) = 525.8명

	6월	7월	8월	9월	10월
판매식수(명)	550	520	532	527	
수요 예측					?

[표 5-5] 가중이동 평균법 예

→ 10월 식수 인원을 예측한다면? (단 가장 최근 가중치는 0.8이며 나머지는 각각 0.1이다.) : 7월(520×0.1) + 8월(532×0.1) + 9월(527×0.8) = 526.8명

- 요일의 경향을 반영한 이동평균법 : 대부분의 외식업 및 일부 단체급식의 경우 요일별 매출이 매우 상이하게 나타난다. 즉 특정 요일의 식수 인원이 다른 요일에 비해 많거나 적게 나타나게 되는데 단순이동 평균법 등을 이용하여 식수를 계산할 경우 특정 요일의 경향을 반영할 수 없게 되어 정확한 수요 예측이 불가능하다. 이러한 요일의 수요 경향을 정확하게 반영하기 위하여 요일의 경향을 반영한 이동평균법을 활용한다.

  이를 위해 먼저 요일 경향지수를 계산한 후 특정 요일에 대한 과거의 기록을 요일경향지로로 나누어 산출한다. 그리고 산출된 값은 단순이동 평균값을 이용 예상 식수 인원을 구한 후 마지막으로 요일 경향지수를 곱하여(반영하여) 해당 요일의 예상 식수 인원을 산출해 낸다(표 5-6 참고).

날짜	요일	실제 식수	요일 경향지수[1)]	요일 경향지수 적용 식수[2)]	이동평균값 예측 식수[3)]	요일 경향을 반영한 차주 예상 식수[4)]
1/1	월	100	0.9444	105.8		
1/2	화	106	0.9629	110.0		
1/3	수	98	0.9166	106.9		
1/4	목	120	1.1481	104.5	107.1	
1/5	금	110	1.0277	107.0	106.1	
1/8	월	104	0.9444	110.1	107.2	101.2
1/9	화	102	0.9629	105.9	107.6	103.6
1/10	수	100	0.9166	109.0	108.3	99.2
1/11	목	128	1.1481	111.4	108.7	124.8
1/12	금	112	1.0277	108.9	109.7	112.8
평균		108				

[표 5-6] 요일의 경향을 반영한 이동평균법 예

다음 주 월, 화, 수, 목, 금의 예상 식수 인원을 예측한다면?

① 요일 경향지수 = 요일별 평균치/전체 평균

ex) [1/1일 (100) + 1/8일(104)]÷2÷평균(108) =0.9444

② 특정 요일 식수를 요일 경향지수로 나눈 값

ex) 1/1일 (100) ÷ 0.9444 (월요일 요일 경향지수) = 105.8

③ 요일 경향지수 적용된 단순이동 평균법 예측 식수

ex) [1/1일(105.8)+1/2일(110.0)+1/3일(106.9)] ÷ 3 = 107.1

④ 요일 경향지수 적용된 예측 식수

ex) 다음 주 월요일 예상 식수 인원(단, 1월 8일 월요일 기준)

1/8일 이동평균값 예측 식수(107.2) × 요일 경향지수(월요일: 0.9444) = 101.2

3) 발주량 산출

단체급식에서의 발주는 업소의 경영 및 이윤과 직접적 관계가 있어 적정 발주량을 결정하는 것은 매우 중요하다. 적정 발주량은 결정은 발주 비용과 저장 비용의 발생으로 발주 품목의 저장성에 따라 결정된다. 또한, 적정 발주량은 저장 비용과 주문 비용의 2가지 요인에 의해 영향을 받는다. 저장 비용은 유지비, 관리비, 보험비, 식품 변질에 의한 손실비 및 시설비를 의미하며 주문 비용은 인건비가 포함된 포괄적인 비용으로 사무비, 교통 및 통신비, 소모품 및 검수에 따른 기회 비용 손실 등을 말한다.

따라서 급식 업소의 최대 경제적 효과를 주는 최적 재고 수준과 주문 비용의 합이 최소화하는 병합점이 발생하게 되며, 이를 경제적 발주량이라고 한다(그림 5-2).

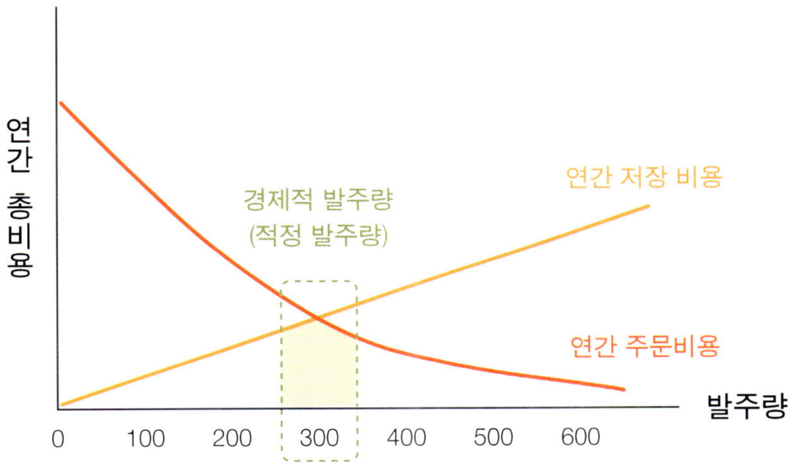

[그림 5-2] 경제적 발주량

적정 발주량을 결정할 때는 상기 경제적 발주량과 함께 다음 아래의 발주량 결정 요인 요소들을 고려해야 한다.

① 물품의 특성 : 저장성이 취약한, 즉 유통기한이 짧은 식자재의 경우 발주 시 주요하게 고려되어야 한다.

② 계절적 요인 : 수확 시기가 왕성한 식자재의 경우 성수기에는 가격이 저렴하므로 저장성을 고려하여 발주 비용이 발생하더라도 구입하는 것이 유리하다.

③ 수량 할인율 : 대량 구매에 따른 유리한 구매 조건을 고려해야 한다.

④ 거래 단위 : 경제적 발주량과 상이하더라도 납품 업자의 기본 거래 단위를 고려해야 한다.

⑤ 자금 공급력 : 업체의 유동 자급력이 고려된 발주는 중요한 요소이다. 왜냐하면,

여러 상황을 고려할 때 구매가 유리하더라도 업체의 자금력이 여유가 없을 때 다량의 제고를 유지하는 비용이 발생하기 때문에 바람직하지 못하다.

⑥ 저장 공간 및 시설 여건 : 아무리 최적 경제적 발주 시점이더라도 업체의 저장 공간 및 시설 여건이 취약하다면 발주 시점이 우선 검토되어야 한다.

경제적 발주량 산출 공식은 아래와 같으며, 연간 총사용량을 알고 일정 수준을 유지할 때, 일정한 비율로 꾸준하게 사용될 때, 대량 구매가 언제든 가능할 때, 급식 생산이 필요할 때 단위당 가격이 일정할 때 적용할 수 있다.

아래 수식은 경제적 발주량 산출 공식이다.

$$\text{경제적 발주량} = \sqrt{\frac{2 \times \text{구매비용} \times \text{품목의 연간 소요량}}{\text{재고 유지 관리비용} \times \text{품목의 구매단가}}}$$

ex) A 품목의 연간 소요량이 1,000kg이고 재고 유지 관리비용 10원, 품목의 구매 단가 20원, 발주에 소요되는 고정비가 8원일 경우 경제적 발주량은?

답 : $\sqrt{\frac{2 \times 20 \times 1000}{10 \times 8}}$ = 22.3kg

ex) B 품목의 연간 소요량이 500kg이고 재고 유지 관리비용 20원, 품목의 구매 단가 40원, 발주에 소요되는 고정비가 10원일 경우 경제적 발주량은?

답 : $\sqrt{\frac{2 \times 40 \times 500}{20 \times 10}}$ = 14.1kg

(1) 정기 발주 방식

일정한 시간에 따른 수요량 예측이 가능하거나 가격이 고가여서 재고 부담이 큰 품목, 공급 기간이 오래 걸리는 품목의 경우 발주 시기를 주 1회, 월 1회 또는 분기별 1회처럼 그 시점을 정하여 발주하는 방식이다. 즉 정기 발주 방식은 정해진 시기에 발주하는 방식으로 정기 실사 방식이라고도 한다(그림 5-3).

(2) 정량 발주 방식

수요량 예측이 어렵거나 항상 수요가 있어서 일정한 재고를 보유해야 하는 품목, 재고 부담이 적은 저가 품목의 경우 일정 발주 시점을 두지 않고 재고의 수준에 따라 발주하는 방식이다. 다시 말해 정량 발주 방식은 발주점 방식이라고도 하며 재고량이 일정 수준에 이르면 일정 발주량을 발주하는 방식이라 할 수 있다(그림 5-4).

구분	정기 발주 방식	정량 발주 방식
특징	수요 예측이 가능한 품목	수요 예측이 불분명한 품목
발주 시기	정기적 발주 (주1회, 월 2회)	경제적 발주량에 준하여 발주
발주량	재고량을 바탕으로 발주	정량 발주
재고조사 방법	정기적인 실사 재고조사	계속적인 실사 재고조사
재고 부담	많다	적다
품목 가격	고가	저가

[표 5-7] 정기 발주 방식과 정량 발주 방식의 비교

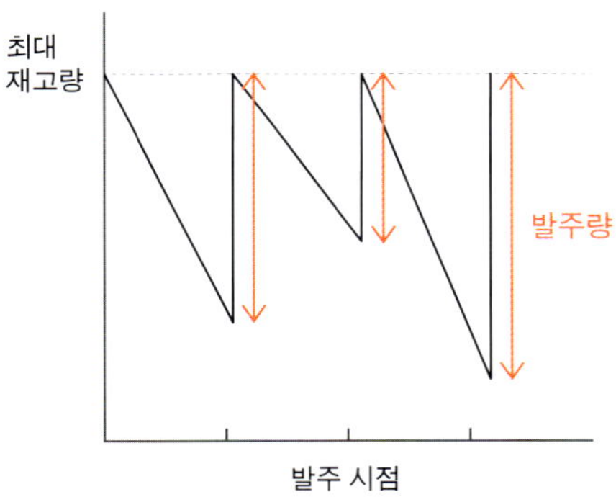

[그림 5-3] 정기 발주 방식의 재고량 추이

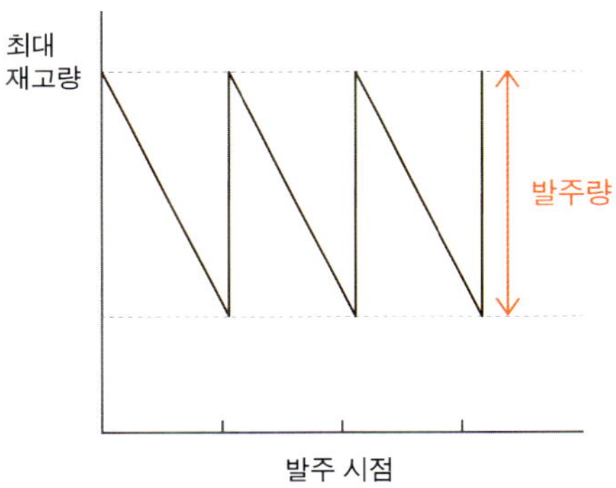

[그림 5-4] 정량 발주 방식의 재고량 추이

4) 발주량 결정

식품의 폐기율, 저장시설 용량, 재료 특성, 계절적 요인에 따라 발주량이 산출되며 가장 중요한 발주량 산출 근거는 표준 레시피 1인분 양과 예측 식수를 근거로 산출하

는데 폐기율 유무에 따라 산출 방정식이 다르다(표 5-8). 아래 예에 따라 그 차이를 알아보기로 한다.

① 폐기 부분이 없는 식품의 발주량 결정

ex) 쌀 1인분은 120g, 예상 식수 100명, 5일 급식의 발주량

= 1인 분량 × 예상 식수 × 식수 일

= 120 g × 100명 × 5일 = 60,000 g = 60 kg

ex) 밀가루 1인분은 100g, 예상 식수 100명, 3일 급식의 발주량

= 1인 분량 × 예상 식수 × 식수 일

= 100 g × 100명 × 3일 = 30,000 g = 30 kg

② 폐기 부분이 있는 식품의 발주량 결정

출고계수 = 100 ÷ 가식부율

= 100 ÷ (100 - 폐기율)

ex) 깍두기 1인분은 20g, 무의 폐기율 10%, 예상 식수 100명, 5일 급식의 발주량

= 1인 분량 × 출고계수 × 예상 식수 × 식수 일

= 20g × 1.11 × 100명 × 5일 = 66.6 kg

ex) 김치 1인분은 15g, 배추의 폐기율 20%, 예상 식수 100명, 5일 급식의 발주량

= 1인 분량 × 출고계수 × 예상 식수 × 식수 일

= 15 g × 1.25 × 100명 × 5일 = 9.375 kg = 9.4 kg

폐기율(%)	가식부율(%)	출고계수
1	99	1.01
2	98	1.02
3	97	1.03
5	95	1.05
10	90	1.11
15	85	1.18
20	80	1.25
30	70	1.43
50	50	2.00
80	20	5.00

[표 5-8] 폐기율, 가식부율 및 출고계수

5) 발주서 작성 및 송부

단체급식의 영양사나 구매부서 담당자는 공급 업체에 발주 신청을 하는데 이를 발주서, 주문서, 구매전표 또는 발주전표라고도 한다. 발주서에는 일반적으로 급식소명과 주소, 공급 업체명과 주소, 식자재명 등이 포함되며 거래처에 발주서를 송부함으로써 비로소 법적인 거래 계약이 성립한다(표 5-9).

사업자번호			
상　　호			
주　　소			
대　표　자			
메일			
업　　태		종목	

발　주　서

발　신	회사명		전　화	
	담당자		FAX	
수　신	회사명		전　화	
	담당자		FAX	

아래와 같이 발주하오니 기일 내 필히 납품하여 주시기 바랍니다.

발주일자 :	납품일자 :　　　년　　월　　일
납품장소 :	결재조건 : ☐ 현금　　☐ 기타
구매비용 : 일금　　원정 (₩　　)	부가세 : ☐ 포함 ☐ 비포함

NO	발주품목 및 내역	규　격	단　위	수　량	단　가	금　액	비　고
1			EA		(₩　)	(₩ 0)	부가세별도
2			EA		(₩　)	(₩　)	
3			EA		(₩　)	(₩　)	
4			EA		(₩　)	(₩　)	
합　계					(₩　)	(₩ 0)	

작업지시사항
인쇄내용 :
받으실 분 주소
비 고

[표 5-9] 구매발주서

Part

06

검수관리

1. 검수관리의 의의
2. 검수관리의 필요조건
3. 검수 방법
4. 검수 절차

06 검수관리

1. 검수관리의 의의

단체급식소처럼 대량의 급식을 생산하는 조직에서는 체계적인 검수가 반드시 필요하다. 검수란 공급 업체에서 배달되는 식재료 등이 주문 내용과 일치하는지를 확인하는 절차이다. 검수란 단순히 배달된 물품을 인수받고 날인하는 것으로 끝나지 않는다. 단체급식소의 영양사 혹은 검수 담당자는 주문한 물품의 목록인 구매명세서에 맞는 품목, 품질, 위생 상태, 신선도 크기, 수량 중량, 가격 등을 꼼꼼하게 확인하고 배달 시 배달차량의 냉동·냉장 온도를 확인하는 것까지 포함한다. 부적절한 물품을 반품 조처하는 것도 검수 업무의 한 부분이며 일반적인 검수 절차는 인수, 확인, 서명으로 이루어진다.

2. 검수관리의 필요조건

단체급식 등에서 검수 업무를 효율적으로 달성하기 위해서는 자격을 갖춘 검수 담당자, 적절한 검수설비와 기기 및 검수를 위한 장소가 필요하며 아울러 구매명세서 및 발주서(구매청구서) 등 법적 효력이 있는 서류가 필요하다.

1) 검수 담당자

검수 담당자(단체급식소의 영양사)는 단순히 입고 물품에 대한 구매명세서와 거래명세서 대조를 하는 것으로 그치지 않고 물품의 품목 및 수량, 물품의 품질 특성, 납품 가격의 적절성, 물품의 부족 여부 및 불량품 반품 여부, 공급처의 성실도와 신뢰도 파악 등 검수에 있어 다양한 방법으로 검수를 실시한다. 따라서 검수 담당자는 검수관리를 원활하게 진행하기 위해 아래와 같은 자격이 갖추어 지도록 노력해야 한다.

① 식품 품목에 대한 전문적 지식과 경험
② 구매 및 생산 업무에 대한 전반적인 업무 파악
③ 발주서, 명세서, 견적서 작성 방법 등에 대한 숙지
④ 거래처의 평판, 신용도, 성실도 등 정보 획득 능력 구비
⑤ 식품 품목별 저장 특성 및 관리 요소 숙지
⑥ 검수일지 작성 및 기록 보관 업무 숙지

2) 검수 위치

최적 검수 장소는 물품 공급 업체의 배달원이나 검수 담당자 모두에게 접근성이 용이한 곳이어야 한다. 청결 작업 구역과 위생관리 측면에 있어 검수 장소가 조리장 혹은 전처리장이 동일 구역 내에서 이루어진다면 매우 바람직하지 않다. 다시 말해 별도의 검수장이 없고 식당으로 물품이 반입되어 조리장에서 검수 업무를 수행한다면 일반 작업 구역과 청결 작업 구역의 교차오염 발생 위험을 높일 가능성이 매우 높아진다고 할 수 있다. 바람직한 검수 위치는 다음 그림과 같다(그림 6-1).

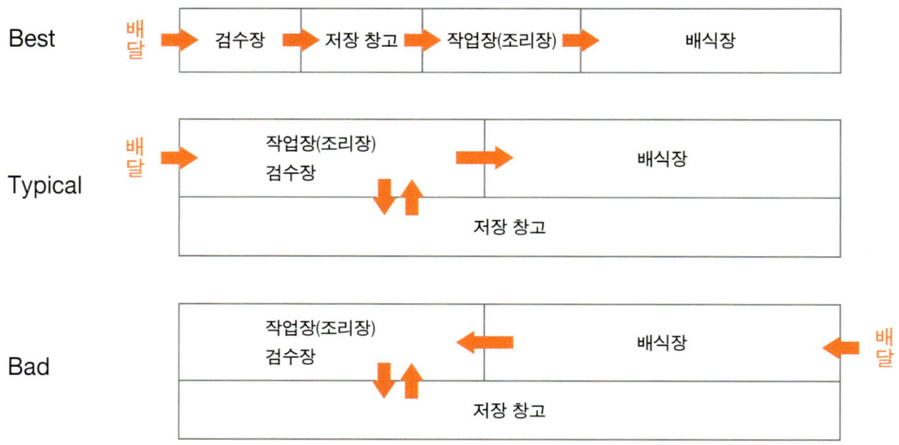

[그림 6-1] 급식소 식재료(물품) 이동 경로

3) 검수 설비 및 기기

단체급식에서 효율적인 검수 업무를 위해서는 다양한 설비 조건과 기기가 있어야 한다.

효율적인 설비를 위해 ① 입고된 식자재 검수를 위한 적절한 조명시설(조도 540lux 이상)을 갖추어야 한다. ② 사람 및 물건의 이동이 용이할 만큼 충분한 공간이어야 한다. ③ 공급 업체가 식자재를 쉽게 배달할 수 있도록 설비해야 하며 검수 후 저장 창고 이동이 용이해야 한다. ④ 검수장 청소가 용이해야 하며 병충해의 피해를 막을 수 있도록 설계되어야 한다. ⑤ 입고된 물품이 바닥에 놓지 않도록 주의하며, 물품 검사를 위한 검사대 높이는 60~80cm 정도가 바람직하다. 또한, 검수에 필요한 기기로 온도계, 전자저울, 운반차 등이 필요하다.

탐침식 온도계

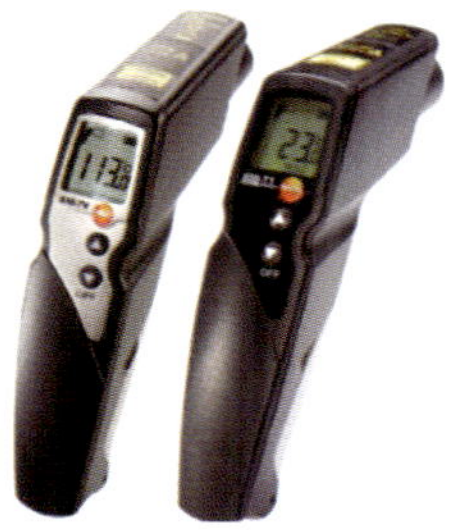
적외선 온도계

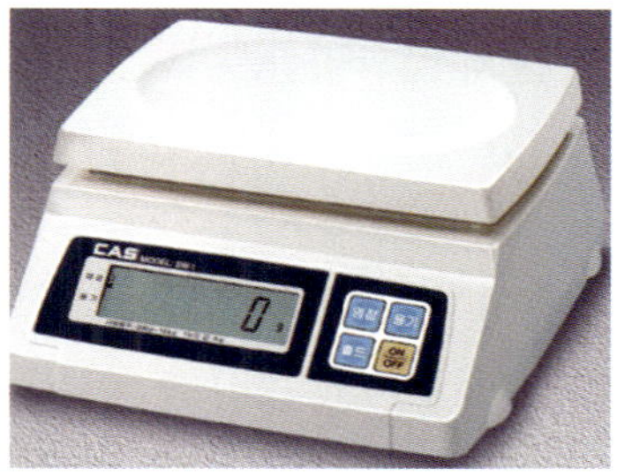
전자저울

대용량 저울

다단식 운반차

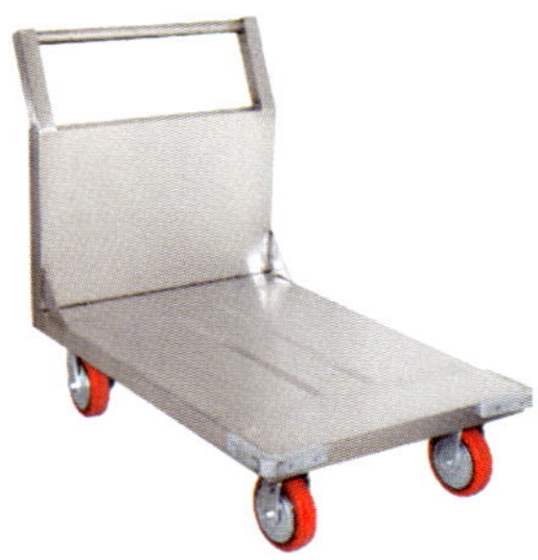
L형 운반차

[그림 6-2] 검수에 필요한 일반적인 기기

3. 검수 방법

일반적으로 사용되는 검수 방법에는 전수 검수법과 발췌 검수법이 있는데, 이 둘의 목적은 납품된 물품을 검수하는데 있어 최소 비용 최소 시간으로 최대 효과를 얻기 위해 사용되는 검수법이다. 상기 두 검수법은 납품 물품의 성격에 따라 달리 사용된다.

1) 전수 검사법

말 그대로 납품된 물품 전부를 검사하는 방법이다. 일반적으로 고가의 식재료 또는 소규모 입고 물품에 대한 검수 시 시행한다. 전수 검사법을 적용하면 우수한 품질의 물품을 입고할 수 있으나 시간과 비용이 많이 소요되는 단점이 있다.

2) 발췌 검사법

말 그대로 납품된 물품 중 일부분을 무작위로 뽑아 검사하는 방법이다. 일반적으로 수량이 많은 경우, 검수 시간과 비용을 절약해야 할 경우에 적합하나 모든 물품을 검수할 수 없어 품질이 낮은 품목이 섞여 있을 가능성이 높다.

	전수 검사법	발췌 검사법
특징	납품된 물품 전체를 검사	납품된 물품의 일부를 검사
품목	고가품, 희귀성 물품, 소량	대량 구매 물품
장점	우수한 품질 유지 가능	시간과 비용의 절약
단점	시간과 비용 낭비 가능	일부 불량품 혼입 가능

[표 6-1] 전수 검사와 발췌 검사법

4. 검수 절차

단체급식의 영양사 또는 검수 담당자는 물품 도착과 동시에 납품 업자와 함께 검수장에서 검수 업무를 수행한다. 일반적인 검수 절차는 [그림 6-3]과 같다.

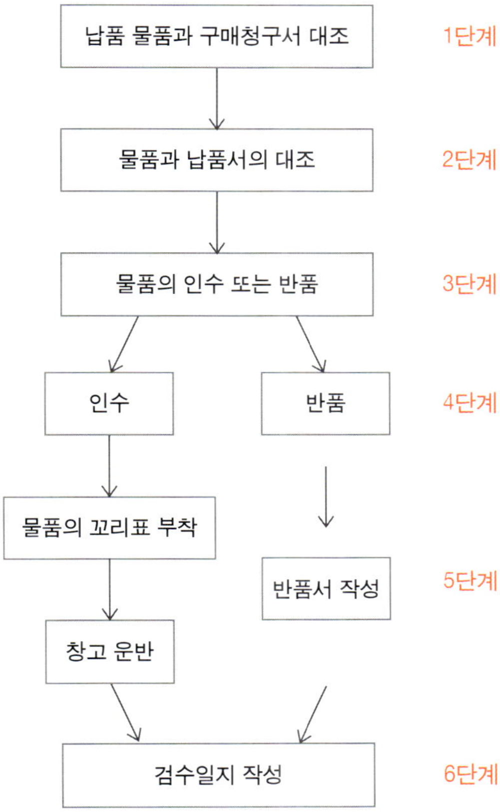

[그림 6-3] 일반적인 검수절차 흐름도

1) 1단계 : 납품 물품과 구매청구서 대조

납품된 물품의 품목, 수량, 중량 등이 발주한 내용과 일치하는지 구매청구서와 구매명세서를 대조하여 확인한다(표 6-2).

2) 2단계 : 물품과 납품서의 대조

납품서는 물품의 가격과 수량이 기록되어 있으므로 향후 물품 대금 청구 근거로 사용되므로 철저한 대조를 통해 확인해야 한다(표 6-3).

3) 3, 4단계 : 물품인수 또는 반환 처리

납품된 물품에 문제가 없으면 납품서에 서명 후 물품을 인도받는다. 그러나 입고된 물품의 품목, 수량, 품질, 저장 온도, 위생 상태, 크기 및 유통기한 등 주문서와 일치하지 않거나 사용에 적합하지 못한 물품에 대해서는 반품서를 작성한다.

4) 5단계 : 물품의 꼬리표 부착

입고에 적합한 품목은 저장하기 전 물품에 대한 정보를 기재한 라벨이나 꼬리표를 부착한다. 일반적으로 검수 날짜, 납품 업체, 무게나 수량, 보관 방법, 유통기한, 가격 등 원료 특성에 적합하도록 작성한다. 특히 어패류, 가금류, 육류, 조개류 등 유통기한이 짧거나 포장되지 않은 물품에 꼬리표를 부착할 경우 재고관리에 매우 유용하다. 또한, 꼬리표는 물품 출고 시 기재된 정보로 인해 수량 및 무게 등을 다시 확인할 필요 없고 신속한 재고조사에 효율적이다(그림 6-4).

5) 6단계 : 검수일지 작성

검수 절차에 따라 물품 검수가 완료되면 검수일지를 작성하고 보관하는 업무는 검수 절차의 마지막 단계이자 관리 차원에서 중요한 절차라 할 수 있다. 그 내용에 대해서는 제7장에서 설명하였다.

물 품 납 품 서

매약일자 : 년 월 일	일련번호 : 제 호
납품일자 : 년 월 일	체납일수 : 일간
아래 납품 물품 인수 바람. 납품 상사 : 납 품 자 :	아래 물품을 정히 검수 바람. 소 속 : 검 수 관 :
아래 물품을 정히 수령함. 소 속 : 물품출납자 : (인)	아래 물품을 수령인으로부터 인수 사용하였음. 소 속 : 검 수 관 : (인)

순번	품명	규격	수량	비고	순번	품명	규격	수량	비고

[표 6-2] 물품납품서

납품 전표

입고기간 :

거 래 처 : ○ ○ ○

식품명	입고단가	입고량	단위	금액
돼지, 민찌			kg	
돼지, 불고기			kg	
돼지갈비			kg	
소, 곱창			kg	
수입, 사골			kg	
수입, 양지			kg	
수입우, 갈비			kg	
수입우, 민찌			kg	
수입우, 불고기			kg	
수입우, 사태			kg	
수입우, 우둔			kg	
수입우, 홍두깨			kg	
한우, 민찌			kg	
한우, 불고기			kg	

total : ________________

[표 6-3] 납품 전표

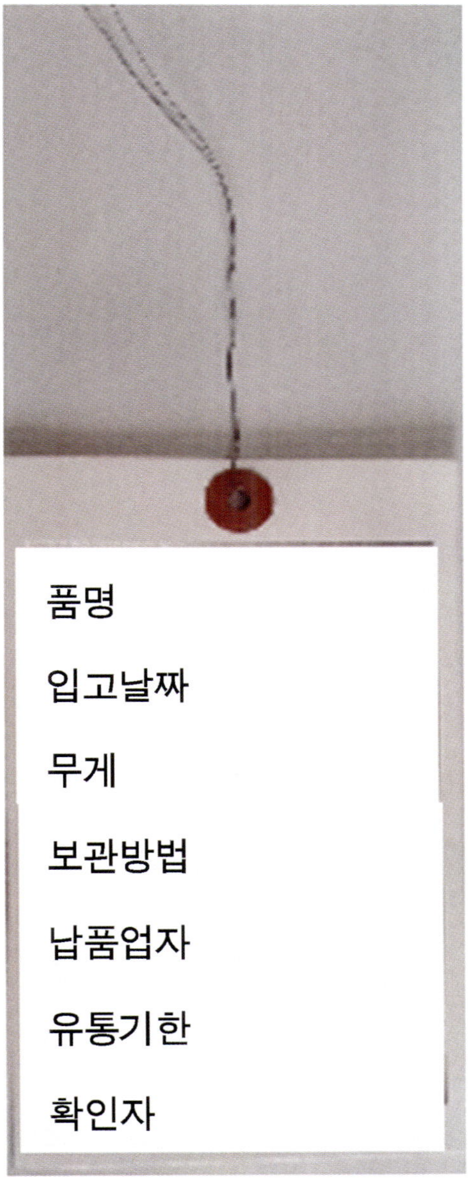

[그림 6-4] 꼬리표(예시)

Part

07

구매 식품의 종류와 특징

1. 곡류
2. 두류
3. 채소류
4. 수산물류
5. 육류
6. 기타 식품

07 구매 식품의 종류와 특징

식품의 종류를 곡류, 서류, 두류, 채소류, 과실류, 수산물류, 육류, 기타 식품류 등으로 구분하여 각 식품 품목별로 원산지와 특성을 살펴보면 다음과 같다.

1. 곡류

곡류란 식물학상 화본과(禾本科)에 속하는 식물의 열매를 말하며, 그 용도와 특성에 따라 미곡류(米穀類), 맥류(麥類), 잡곡류(雜穀類)로 분류한다.

우리나라에서는 곡류를 주로 쌀, 보리, 밀, 호밀, 귀리, 조, 메밀, 옥수수 등으로 구분하고 있다. 그중 쌀, 보리, 조, 수수, 콩을 오곡이라고 하며 곡류의 식용 부분은 종실의 배유부이며, 배아는 도정 또는 제분 시 많이 제거가 된다. 곡류는 주성분이 전분질이고 단위 면적당 생산량이 많으며 재배 시기가 한정되어 있으며 장기 저장이 가능하고 유통이 편리하다.

서류로는 감자, 고구마, 토란, 곤약, 참마 등이 있는데 그중 감자, 고구마가 대표적이다. 주식이나 주식 대용으로 이용되나 수분이 많아 저장·보관이 어렵고 부피가 커서 수송에도 불편하다.

2. 두류

두류는 환경 적응성이 좋아서 재배하기 쉽고, 생육 기간이 짧으며 간작(間作)에 적합하여 땅을 비옥하게 한다. 쌍떡잎으로 되어 있고 열매가 꼬투리에 들어 있으며, 뿌리에 혹박테리아가 공생하여 질소를 고정하여 주므로 척박한 토양에서도 잘 자랄 수 있다. 두류는 영양 성분의 조성에 따라 분류되며, 콩의 꼬투리에 2~3개의 알갱이가 들어 있다. 또한, 색깔에 따라 흰콩, 누런콩, 푸른콩(청태콩), 밤콩(붉은콩), 검정콩, 우렁콩 등이 있다.

우리나라에서 주로 많이 생산되는 것은 콩, 팥, 녹두, 강남콩, 완두, 땅콩 등이 있으며 지방이 많고 탄수화물이 적은 콩, 땅콩 종류와 지방이 적은 대신 탄수화물이 많은 팥, 녹두, 완두, 강남콩 종류로 구분한다.

대부분의 두류는 20~25%의 단백질을 가지고 있다. 콩, 땅콩은 35% 이상이며 지방은 불포화지방산이 풍부하고 비타민 E도 많이 함유하고 있다.

3. 채소류

채소는 수분이 80~95%로 에너지 공급원이기보다는 비타민, 무기질의 공급원으로 중요하다. 고유의 색소, 향기, 맛 등이 있어 식품의 기호성을 높이고 식욕을 돕는다.

채소류는 품종이나 종류가 매우 많다. 일반적으로 수분이 90% 정도를 가지고 있으며 부피에 비해 칼로리는 적으나 칼슘, 비타민, 무기질 등이 많으며, 특히 비타민 A와 C가 많고 알칼리성 식품으로 육류나 곡류의 산성 식품을 중화시키는 역할을 한다. 채소류는 잎, 줄기, 뿌리 중 어느 부위를 사용하느냐에 따라 성분도 다르고 분류도 다르다. 주로 이용하는 부위에 따라 근채류와 경엽채류, 과채류 등으로 분류된다.

채소류는 수확 후에도 이화작용, 증산작용, 호흡작용이 계속되어 많은 변화가 일어난다. 저장 중의 이런 변화를 최소화시키기 위해 저온 저장이나 CA 저장(con-trolled atmosphere storage)을 이용한다.

과실류 분류는 과육이 발달된 형태에 따라 인과류(사과, 배, 모과), 준인과류(감, 감귤, 레몬, 유자), 핵과류(복숭아, 매실, 살구, 자두, 앵두), 장과류(포도, 딸기, 무화과, 바나나, 파인애플), 견과류(밤, 호두, 은행, 대추, 잣)로 나눈다.

4. 수산물류

수산물은 해수어와 담수어로 나누어지며 생선류, 패류, 갑각류, 해조류로 구분된다. 또 수산물은 신선도가 생명인데, 일반적으로 조직이 연하고 부패가 빨리 진행되어 보관, 저장의 어려움이 많다. 수산물의 형태는 선어류, 냉동 생선류, 건조 생선류, 수산가공품류 등이 있으며 건조 생선류에는 날생선을 바로 건조한 것(오징어류)을 익혀서 건조한 것(멸치류), 냉동 건조한 것(북어류), 염장 건조한 것(굴비) 등이 있다.

5. 육류

식육류는 쇠고기, 돼지고기 등 수육류와 닭, 오리, 칠면조 등 조육류로 구분한다. 적색이 강한 육은 양고기, 쇠고기, 말고기 등이 있고, 색이 밝은 육은 어린 송아지고기, 돼지고기, 토끼고기, 조류고기(가금육) 등이 있다.

육류는 품종, 사육 방법, 성숙 기간, 부위에 따라 품질 · 맛 등급이 결정된다. 육질의 등급 기준은 근내지방도, 육색, 지방색, 조직감, 성숙도 등으로 판정된다.

육류는 일반적으로 수분, 단백질, 지방의 순으로 함량이 높다. 육류 단백질은 식물성 단백질과는 달리 8가지 필수아미노산을 모두 충분히 갖는 완전 단백질이다. 육류는 영양적으로 단백질을 제공해 주고, 이 단백질에 의해 에너지가 생성되며 생명 유지에 중요한 역할을 한다.

6. 기타 식품

1) 곡류

(1) 쌀

쌀은 화본과에 속하며 생육 특성에 따라 논벼와 밭벼로 나누고 주성분은 전분으로서 70~80%를 차지하고 일본형과 인디카형(인도형)으로 나누는데, 인디카형은 우리가 보통 안남미라고 부르며 일본형에 비해 쌀알이 길고 부스러지기 쉽고 점성이 약해 끈기가 없다. 맛에 있어서는 일본형이 팽창 용적이 인디카형에 비해 낮아서 맛이 좋고 낮은 온도에서 호화가 된다.

밥맛에 영향을 주는 요인으로는 용수의 pH, 햅쌀과 묵은쌀, 숙도, 건조도, 아밀로스 함량 등이 있다. 쌀은 밀, 옥수수와 함께 3대 곡물 중의 하나로 도정도에 따라 현미, 5분도미, 7분도미, 백미 또는 정백미로 나눈다. 등급 구분은 특, 상, 중, 하의 등급과 품종별 산지별로 기준하고 있다.

쌀에는 식이섬유, 피틴산(phytic acid), 폴리페놀(polyphenol), 비타민, 감마 오리자놀(r-oryzanol) 등 기능성 성분들이 함유되어 있으며, 이러한 생리 활성 성분들은 체내에서 항산화 기능을 나타내는 것으로 밝혀지고 있다.

쌀을 고를 때는 쌀알이 부서지지 않고 입자가 고른 것, 쌀알이 투명하고 청결한 것, 쌀알에 골이 없으며, 가루가 많지 않은 것, 깨물었을 때 색이 얼룩 없이 일정한 것, 곰팡이에 의한 적색이나 흑색의 쌀알이 섞이지 않은 것을 선택한다.

[그림 7-1] 백미, 현미, 흑미

(2) 보리

[그림 7-2] 보리

보리에는 단백질이 풍부하지만 트립토판과 라이신이 결핍되어 있다. 보리는 식이섬유를 다량 함유한다. 또한, 나이아신, 철, 아연, 마그네슘, 칼륨, 엽산, 비타민 B_6, 티아민, 구리, 인 등을 함유한다.

일반적으로 말하는 보리는 겉보리로서 섬유소가 많이 들어 있다. 따라서 보리는 쌀보다 섬유소가 많아 소화 흡수율이 떨어진다. 보리는 껍질이 종실에 밀착되어 분리되지 않는 겉보리와 껍질이 잘 분리되는 쌀보리로 나눈다. 우리나라의 주요 품종에는 가을보리, 가을쌀보리, 봄보리가 있다. 쌀, 옥수수 다음으로 많이 생산되고 식용 외에 맥아 제조나 사료용으로도 사용된다.

(3) 밀

밀은 탄수화물이 74.6%, 단백질이 13.2%로 함량이 높은 것이 특징이다. 탄수화물은 주로 90% 이상이 전분이고 그밖에 덱스트린, 펜토산 및 당으로 이루어져 있다.

우리나라에서는 보통 밀로 가을밀을 재배하는데 파종 시기에 따라 겨울밀과 봄밀로 나눈다. 또 입질에 따라 연질밀과 경질밀로 구별하는데, 경질밀은 글루텐(gluten) 함량이 높고 입질이 치밀하며 연질밀은 글루텐 함량이 낮고 전분이 많은 분상질로 되어 있다. 우리나라 밀의 품종은 신광, 원광, 영광, 조광 등이 있다.

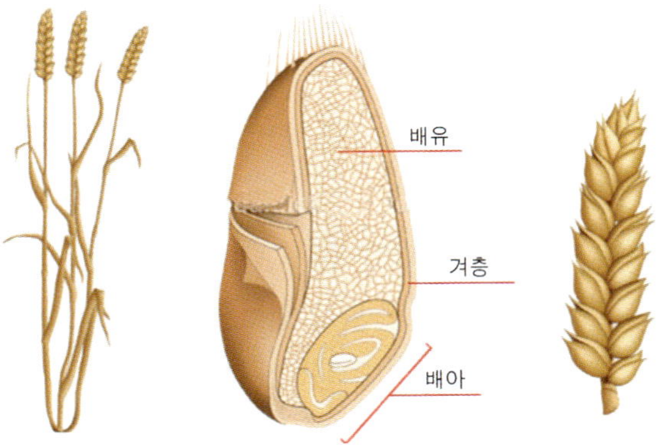

[그림 7-3] 밀의 구조

(4) 호밀

호밀은 당질이 주성분이고, 밀보다 식이섬유의 함량이 많으며, 비타민 B군과 니코틴산이 풍부하다. 아미노산 조성은 리신(lysine), 트립토판(tryptophan)이 적고 히스티딘(histidine)과 시스틴(chstine)이 많다.

[그림 7-4] 호밀

호밀은 봄형과 가을형으로 나누는데 우리나라는 거의 가을형이다. 제분하여 빵을 만들면 흑색이 되어 흑빵이라고도 부르며, 저장성 또한 매우 좋다. 빵 외에 냉면, 술이나 장류용으로 사용되기도 한다.

(5) 귀리

[그림 7-5] 귀리

귀리쌀의 주성분은 전분이지만 단백질과 지질이 풍부하여 독특한 맛이 있고 소화율도 높다. 단백질은 리신 등 필수아미노산이 높고, 글로불린(globulin)이 70~80% 정도 차지하며, 프롤라민(prolamin) 함량은 낮은 편이다.

강원도 산지에서 많이 재배되고 있으며 겉귀리와 쌀귀리로 나눈다. gluten이 80%이며 대부분 가축의 사료로 사용되고 오트밀이나 죽, 알코올 종곡, 간장류 등에 사용되기도 한다.

(6) 조

메조

배유에 비하여 배아가 차지하는 비율이 높고, 배아의 단백질 함량이 많다. 일반 성분은 단백질이 9.3~9.9%, 지질 3.0~4.2%, 식이섬유 1.83~16.0%, 비타민 B_1과 B_2가 다른 곡류보다 많고, 소화흡수율이 우수한 편이므로 이유식의 식품 재료로 널리 사용된다. 아밀로스 함량은 메조 전분이 28.0%, 차조

전분이 8.0%를 함유하고 있다.

우리나라에서는 전남, 경북 등지에서 많이 재배되고 있으며 모래조, 평양조, 호조 등 10여 종이 있다. 입질에 따라 메조와 차조로 구분한다. 조는 저장성이 좋아 장기보존에도 변질이 없고 새 종류의 사료로 또는 떡, 엿, 소주, 풀 외에 밥의 혼식용으로 많이 이용된다.

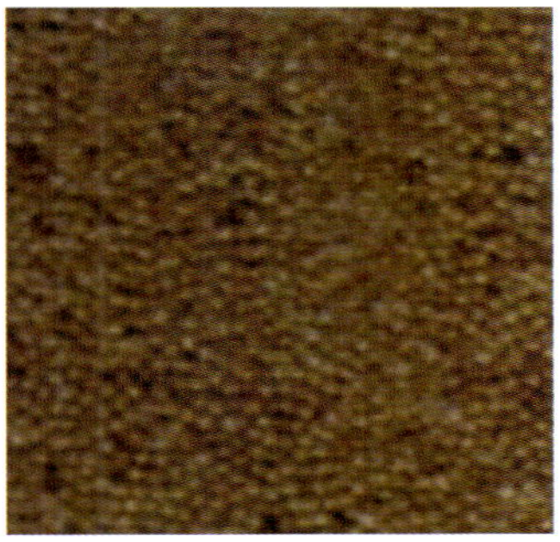

[그림 7-6] 조의 종류

(7) 메밀

메밀은 여름형과 가을형, 중간형이 있는데 우리나라에서는 경북 지방, 강원도 등지에서 주로 많이 재배하고 있다. 메밀은 모양이 특이해 삼각능형을 이루고 있으며 과피는 단단하고 광택이 있다. 내부의 배유부는 물과 반죽하여도 탄력이 없으며 저장하기도 어렵다.

[그림 7-7] 메밀

메밀가루는 곡류에 부족되는 필수아미노산이 많이 들어 있고 소화흡수율도 좋다. 주성분은 전분으로 비타민 B군이 많이 있고 특히 루틴(rutin)이 많이 들어 있어 혈관을 튼튼하게 해준다고 알려져 있다. 제분하여 국수, 냉면, 묵, 과자, 만두 등의 원료로 이용된다. 메밀은 쌀이나 밀가루보다 아미노산이 풍부하며 필수아미노산, 인, 트립토판, 트레오닌, 라이신 등이 다른 곡류보다 많다. 비타민 B_1, B_2는 쌀의 3배이며 인산 등이 많은 것이 특징이다.

(8) 옥수수

쌀 다음으로 많이 생산되는 작물로 기후, 토양에 대한 적응성이 강해서 우리나라에서는 강원도 산간 지방에 가장 알맞는 곡물이다. 곡식용과 건초용 옥수수로 구분되고 전분의 분포에 따라 마치종, 경립종, 연립종, 폭열종, 감미종, 찰옥수수로 나눈다. 주성분은 대부분 녹말이며 포도당은 소량 들어 있다. 트레오닌이나 유황 함유 아미노산은 많으나 필

[그림 7-8] 옥수수

수아미노산인 트립토판과 라이신이 거의 안 들어 있어 영양가는 떨어진다. 또 비타민 복합체인 나이아신의 함량도 적어 옥수수만을 주식으로 하는 사람들에게 얼굴과 손등에 펠라그라라라고 하는 피부염이 생기기도 한다.

옥수수 씨눈에는 올레인산, 리놀산, 팔미틴산 등 좋은 지방과 비타민 E가 있어 노화를 방지하고 옥수수의 수염에는 이뇨제 성분이 있어 방광염, 신장염 치료의 약용으로 쓰이기도 한다.

2) 두류

(1) 콩

콩은 영양성과 단백질 함량이 가장 높은 두류이다. 콩 단백질은 메싸이오닌만 결핍되고 다른 필수아미노산은 모두 포함하는 매우 우수한 단백질이다.

콩기름은 78%가 불포화지방산이며 콜레스테롤은 없고 천연 유화제인 레시틴(lecithin)을 함유한다. 콩은 간에 좋으며 함유된 섬유질은 혈중 콜레스테롤을 낮추는 역할을 한다. 또한, 항암작용과 대장암의 발병을 줄이는 효과를 갖는다.

생육 기간이 짧아 하절 재배가 용이하고 열대, 온대 북부까지 널리 분포되어 있으며, 우수한 영양가로 주식으로도 높은 가치가 있다. 콩에는 배당체로 사포닌(saponin)이라는 성분이 있어 삶을 때 거품이 생기는데 용혈작용은 거의 없어 독성은 약하다. 조직이 단단하여 생으로는 소화 흡수가 좋지 않아 여러 가지 가공식품을 만들어 이용한다.

대표적으로 두부, 된장, 간장, 청국장, 콩나물, 식용유, 두유, 인조육 등이 있다. 우리나라 주요 품종에는 광교, 색, 장단백목, 동북티, 봉의, 금강대립, 강림 등이 있다.

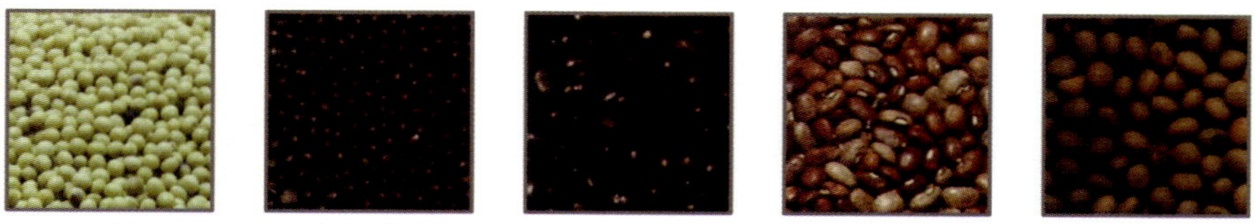

대두 쥐눈이콩 서리태 동부 청태

[그림 7-9] 콩의 종류

(2) 팥

[그림 7-10] 팥

팥은 동양이 원산지로 중국, 일본, 한국 등지에서 널리 재배되고 있다. 적두, 소두, 홍두라고도 하며 콩 다음으로 수요가 많은 작물이다.

팥의 주성분은 탄수화물과 단백질이며, 특히 전분이 34% 정도 많이 함유되어 있다. 팥은 칼륨의 우수한 공급원이며 마그네슘, 인, 아연, 구리, 식이섬유소를 함유한다. 영양가가 매우 우수하고 사포닌(saponin)이라는 거품 성분과 콜린 색소가 들어 있다. 사포닌 함유로 변비를 방지하기도 하며 비누 대용 세제로 이용하기도 한다.

팥은 종피가 두꺼워 잘 익지 않으며 황화합물이 들어 있어 특유의 냄새를 가지고 있다. 용도는 쌀이나 잡곡과 섞어 밥을 짓기도 하고 제과용 팥죽, 팥고물로 많이 이용된다. 곡류 중에서 비타민 B_1이 가장 많은 편으로 쌀밥이 주식인 우리나라 식생활에 비타민 B_1 부족 현상을 보충해주는데 팥 이용은 매우 합리적이다.

(3) 녹두

[그림 7-11] 녹두

녹두는 인도가 원산지로서 중국을 거쳐 한국에 들어왔으며 콩과에 속하는 일년초이다.

녹두의 주성분은 탄수화물이며, 전분이 60% 정도 함유되어 있고, 단백질 함량도 많은 편으로서 영양가가 높다. 녹두는 엽산의 우수한 공급원이고, 칼륨과 마그네슘의 좋은 급원이다. 티아민(thia-mine), 판토텐산(pantothenic acid), 철, 인, 아연, 구리를 함유한다. 또한 식이섬유소를 포함한다. 불완전단백질을 함유하여 일부 필수아미노산이 결핍되어 있다.

녹두는 오장육부의 기운을 조화롭게 하여 환자의 원기를 돋우고 입맛을 되찾는데 이용된다. 또한, 열이 많아 설사를 하는 사람이 녹두를 갈아 마시면 설사가 멈춘다고 한다. 그러나 몸이 찬 사람은 삼가는 것이 좋다. 향미가 좋아서 묵, 빈대떡, 떡고물, 죽, 국수, 숙주나물로 많이 이용된다.

(4) 강낭콩

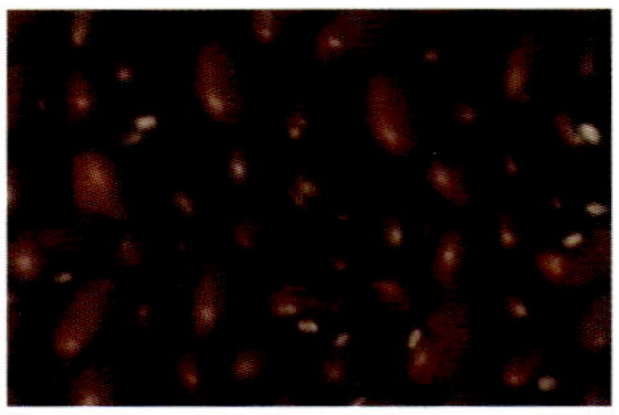
[그림 7-12] 강낭콩

남미 페루가 원산지이며 강남두라고도 한다. 콩 외형이 신장 모양으로 생겼다 하여 kidneybean이라고도 하며 종류에는 만성종, 직립종, 중간종이 있다. 강낭콩의 단백질은 글로블린이 많고 필수아미노산으로는 라이신, 로이신, 트립토판 트레오닌이 많다. 또 지방 함량은 적으나 레시틴은 많으며 라이마콩이나 버어마콩에는 청산 배당체가 많이 들어 있어 분해되면 독성이 생성되어 사용하기 전 충분한 가열로 제독을 해야 한다. 식용 용도는 채소용으로 재배되는 마스터피스와 켄터키원다 품종이 있으며 주로 밥에 섞어서 먹거나 떡고물, 과자 원료로 이용한다.

(5) 완두콩

[그림 7-13] 완두콩

서늘한 기후에 알맞는 작물로 꼬투리용종과 그린피스용종, 완숙콩종 등이 있다.

꼬투리용종은 풋콩 상태로 채소로 이용하고 그린피스용은 밥에 섞거나 병조림용으로 완숙콩종은 볶거나 기름에 튀겨서 먹는다. 완두에는 콜린, 비타민 B_1, B_6, 비오틴, 엽록소 등이 풍부하며 통조림을 할 때는 퇴색을 방지하기 위하여 황산동 처리를 한다. 완두는 콩보다 맛이 좋고 질 좋은 단백질을 가지고 있어 혼식용, 죽, 제과용, 된장, 간장의 원료, 사료 등으로 이용된다.

(6) 땅콩

[그림 7-14] 땅콩

브라질이 원산지이며 주산지는 인도, 중국, 미국 등이다. 우리나라에는 중국에서 전해져서 호콩이라고도 하는데 땅콩은 배수가 좋은 모래흙이나 척박한 땅에서도 잘 생육되며 유지용으로 쓰이는 소립종과 식용으로 쓰이는 대립종이 있다. 두류 중 가장 우수한 식용유의 원료로 그대로 식용하거나 땅콩버터, 비누 제조 등에 사용되기도 한다.

땅콩은 단백질, 지방, 에너지가 풍부한 식품이다. 불완전단백질이며 지방은 85.5%가 불포화지방산이다. 콩 종류에서 당질이 가장 적게 들어 있고 필수아미노산인 라이신이 많이 들어 있으며 인산에 비해 칼슘의 양이 훨씬 적어 산성 식품이다. 또 리놀산과 아라키돈산 같은 필수지방산이 많은 것이 특징이다. 땅콩은 껍질을 벗겨서 공기 중에 노출시키면 산화되기 쉬우며 보관이 잘못되어 속에 검은곰팡이가 생기면 아플라톡신이라는 발암성 유독물질이 생긴다.

3) 서류

(1) 감자

강원, 경북, 경남, 전남 지방이 주요 산지이며 봄감자와 가을감자가 있다. 감자류 성분은 품종, 재배법, 기후, 수확 시기, 저장 방법에 따라 달라지며 알칼리성 식품으로 K, Ca가 많고 품종에 따라 색깔, 모양, 눈의 깊이, 육색, 육질, 전분가가 다르다.

[그림 7-15] 감자

감자의 고형 성분 중 탄수화물은 14% 이상을 차지하고 있고 거의 전분으로 이루어져 있으며 주요 에너지원으로 이용된다. 감자는 고구마에 비하여 수용성 당질을 약 20% 수준으로 함유하고 있고 단백질 함량이 높기 때문에 상대적으로 담백한 맛을 가지고 있으며 이러한 성질로 인하여 유럽이나 북미 지역에서는 주식으로 이용되기도 한다.

감자의 눈과 새싹, 그리고 녹색 부분에는 배당체인 솔라닌(solanine)이 많이 함유되어 있는데, 이는 독성 물질로서 성인이 약 30mg 이상을 섭취하였을 때 구토, 어지러움, 설사, 위장장애 등을 유발한다. 솔라닌은 산성이나 열에 의해 분해되므로 감자의 조리 과정에서 껍질 제거와 가열에 의하여 그 독성을 제거할 수 있다.

칼륨의 함량이 밥의 16배나 되며, 식용 감자는 육색이 백색이며 분상질의 것이 많고 엿, 떡, 주정용 전분(당면, 라면), 건조 감자(스낵, 제과), 프렌치프라이 및 포테이토칩, 증숙냉동(스낵) 등의 형태로 가공된다.

(2) 고구마

중앙아메리카와 남부 멕시코 지방이 원산지로 서류 중 식물성 섬유가 가장 많이 함유되어 있으며, 감자보다 수분이 적고 고형분이 많다. 비타민 B_1 함량이 풍부하며 카로틴, 칼륨 성분이 많이 있으며 점질과 분질이 있다. 점질 고구마는 전분이 비교적 적으며 식용보다는 전분 제조나 사료용으로 많이 사용되고, 분질 고구마는 전분이 많고 단맛이 있어 식용으로 기호성이 좋다.

고구마의 30% 이상이 탄수화물 성분으로 그 대부분은 전분이다. 고구마의 전분은 입자가 곡류의 것보다는 크고 두류의 것보다는 작으면서 모양이 고르다. 누런 빛깔이 강한 것일수록 비타민 A의 함량이 많다. 고구마는 알칼리성 식품으로 특히 칼륨 성분이 많으며 섬유질뿐 아니라 수지 성분이 있어 변비에 효과적이다. 날 고구마를 잘랐을 때 단면에 보이는 하얀 진이 수지 배당체인 야리핀이라는 성분이다. 고구마는 식량이나 부식용, 엿, 과자류, 전분 등 식품가공용, 공업용 등 널리 이용된다.

[그림 7-16] 고구마

(3) 토란

원산지는 인도이며 동남아시아, 중국, 아프리카, 미국 등 열대지방에서 널리 재배되고 있다. 주성분은 전분으로 약 70%가 들어 있으며, 무기질은 K가 많고 덱스트린과 당분도 있다.

토란이 함유하고 있는 점질 물질은 갈락탄(galactan)이며 아린 맛 성분은 호모젠티스산(homogentisic acid)이다. 토란을 소금물이나 쌀뜨물에 넣고 삶으면 점질 물질인 갈락탄의 일부가 제거된다.

[그림 7-17] 토란

토란은 알칼리성 식품으로 장의 기능을 원활하게 해주는 식품으로 토란의 미끈미끈한 성분은 갈락탄이라는 당질로 소화성이 좋지 않으며, 토란대와 토란에는 수산석회가 많아 너무 많이 먹으면 좋지 않다고 한다.

(4) 곤약

인도가 원산지이며 구약나물이라고도 한다. 뼈 없이 흐물흐물하다고 하여 곤약이라고 하며, 곤약의 주성분은 글루코만난으로 거의 소화가 안 되는 것이다. 글루코만난은 소화액 중의 효소에 의해서는 분해되지 않고 장내 세균의 작용에 의해 분해되어 포도당과 만노스(mannose)가 생성되며 혈중 콜레스테롤 수치를 낮추는 작용을 한다.

곤약감자의 품종은 적경종과 청경종이 있으며, 곤약을 만들기 위해서는 3년 된 것을 이용한다. 성분상 영양가는 0에 가깝기 때문에 비만 예방 식품으로 좋으며, 정장 작용이 있어 변비증에도 아주 좋은 식품이다.

[그림 7-18] 곤약감자(좌)와 곤약 가공제품(우)

4) 채소류

(1) 배추

[그림 7-19] 배추

중국 화북 지방이 원산지이며, 중국에서는 백채 또는 송채라고도 한다.

배추는 비타민 C와 칼슘이 풍부하고, 배춧속의 단백질을 구성하는 아미노산은 우수하다. 배추는 섬유질이 많아 변비 예방에도 좋으며, 산성 식품을 중화하는 역할도 한다. 봄에 수확되는 봄동에는 비타민 A와 비타민 C의 함량이 높아서 좋은 비타민 공급원의 역할을 한다. 무기질로는 칼륨(K)과 칼슘(Ca)의 함량이 높다. 상태에 따라 결구종과 반결구종으로 구분되는데 주로 결구종이 많이 재배되고 있다.

(2) 양배추

유럽 지중해 연안이 원산지이며 감람이라고도 부른다. 수분이 93% 이상을 차지하고 있고, 탄수화물로는 포도당과 섬유소를 다량 함유하고 있다. 단백질의 아미노산 조성을 보면 염기성 아미노산을 많이 함유하고 있는데, 라이신(lysine)의 함량이 높고 지질로는 리놀레산(linoleic acid)을 다량 함유하고 있다.

흰 부분에 비타민 C가 다량으로 함유되어 있으므로 장시간 열을 가하면 비타민 C가 파괴되기 쉽다. 열을 가할 때 나는 특유의 냄새는 유기 함황화합물 때문이다. 녹색 부분에는 비타민 A가, 흰 부분에는 비타민 B와 C가 많이 있으며, 녹색 부분이 백색 부분보다 영양가가 많다.

[그림 7-20] 양배추와 적양배추

(3) 시금치

[그림 7-21] 시금치

시금치는 서남아시아가 원산지로 명아주과에 속하며, 중국을 통해서 우리나라와 일본으로 전파되었다. 시금치는 파릉채, 적근채라고도 불리며 비타민 종류가 골고루 들어 있다.

시금치는 수분이 약 90%를 차지하고 있으며 단백질의 함량이 약 3%로써 다른 채소류에 비하여 높은 편이다. 또한, 채소 중에서 비타민 A를 가장 많이 함유하고 있다. 시금치는 알칼리성 식품으로 칼슘과 철분, 엽산, 옥소 등이 빈혈 예방에 좋다.

(4) 부추

부추는 달래과에 속하는 다년생 초본으로 지방에 따라 부채, 부초, 솔, 정구지, 졸이라고도 부른다. 잎의 모양에 따라 소엽과 대엽으로 나눈다. 다른 파의 종류에 비해 단백질, 지방, 당질, 회분, 비타민 A가 많다.

부추 특유의 냄새는 알릴디설파이드(allyl disulfide)로 위와 장을 자극하여 소화를 돕고, 살균작용이 있으며, 비타민 B_1과 결합해서 체내 흡수를 돕는다. 또한, 부추는 콜레스테롤의 흡수를 방해하고, 동맥경화 예방에도 효과적이며, 강장 효과가 있는 채소이다.

[그림 7-22] 부추의 종류

(5) 근대

근대는 남유럽이 원산지이며 명아주과에 속하고 부단초, 군달, 첩채라고도 부른다. 성분은 무기질과 비타민 함량이 많고 단백질 함량은 적으나 그 구성 아미노산은 라이신, 페닐알라닌, 류신 등 필수아미노산이 많아 우수한 편이다. 위와 장을 튼튼하게 해주는 식품으로 알려져 소화 기능이 약한 사람, 설사가 잦은 사람에게 이용하면 효과가 있다.

[그림 7-23] 근대

(6) 죽순

[그림 7-24] 죽순

대나무의 어린 줄기로 솟아오른 순을 식용으로 한다. 성분 중 단백질의 70%는 단백질이 아닌 티로신, 아스파라긴, 발린, 글루타민산 등의 아미노산과 베타인, 콜린 등이 들어 있어 죽순의 독특한 맛을 낸다. 죽순은 특유한 질감과 맛을 가지고 있으며, 시간이 지날수록 아린 맛을 낸다. 죽순의 아린 맛은 아미노산인 티로신이 산화한 호모젠티스산(homogentisic acid)이다. 죽순을 쌀겨가 섞인 물에 넣고 조리하면 옥살산이 잘 용해되어서 제거되므로 아린 맛을 줄일 수 있다.

(7) 고사리

고사리는 참고사리과로 양치류에 속한다. 고사리에는 비타민 B_1을 분해하는 아네우리나아제라는 특수 성분 효소와 내열성이 강한 비타민 B_1 분해 인자가 있다고 한다. 또 고사리에는 비타민 B_1, 미네랄은 거의 없고 대부분 섬유질로 되어 있다. 장기간 상식하게 되면 비타민 B_1 결핍에 걸리게 된다.

[그림 7-25] 고사리

(8) 상추

상추의 원산지는 유럽으로 약간의 쓴맛과 특유의 단맛이 있다. 상추는 수분이 90% 이상을 차지하고 있고 탄수화물의 대부분은 포도당이다. 유리아미노산으로 로이신과 발린이 다른 채소보다 많다. 비타민 A와 비타민 B군이 많이 포함되어 있고 상대적으로 비타민 C가 적은 편이며, 향기 성분은 알파, 아미노, 낙산 황산염이 주성분이다. 주요 품종에는 결구상추, 반결구상추, 잎상추, 배추상추가 있다. 상추 줄기 절단면에서 나오는 유액에는 쓴맛을 내는 락투신(lactucin), lectucopicrin이 존재하여 최면작용을 나타낸다.

[그림 7-26] 자른 상추와 결구상추(우)

(9) 마늘

마늘은 중앙아시아가 원산지이며 백합과에 속한다. 마늘의 자극적인 냄새의 주성분은 디아릴설파이드를 비롯한 유황 화합물이다. 마늘에는 알린이 함유되어 있는데, 다른 채소류의 알린 성분과 마찬가지로 알리네이스(allinase)에 의하여 분해되어 알리신이 생성되고, 알리신은 비타민 B_1과 결합하여 알리티아민(allithiamine)을 형성한다. 또한, 알리신은 마늘의 매운맛을 나타내는 주요 성분이고 항산화 기능을 가지고 있다.

[그림 7-27] 마늘

(10) 파

[그림 7-28] 파

파는 백합과에 속하는 다년생 숙근초이다. 중국이 원산지이며 서양에는 없다. 파는 특유의 자극 냄새와 매운맛을 가지고 있는데, 이것은 함황 휘발성 물질 때문이다. 파의 녹색 부분에는 비타민 A가 많고 B_1, C도 있으나 흰색 부분에는 적다. 칼슘, 인, 철분도 많이 들어 있다. 일반 채소가 알칼리성인데 비해 파는 유황이 많아 산성 식품이다. 또한, 파는 몸을 따뜻하게 해주고 위장의 기능을 도와주는 것으로 알려져 있다. 양념으로 많이 사용되고 대파, 움파, 실파, 세파 등의 종류가 있다.

파의 자극적인 냄새는 알린(alliin)을 함유하고 있기 때문인데, 알린은 황을 함유하고 있는 아미노산인 시스테인(cysteine)의 유도물질로써, 알린이 분해효소인 알리네이스(alliinase)에 의하여 알리신(allicin)으로 분해되어 자극적인 냄새를 유발한다.

(11) 쑥갓

[그림 7-29] 쑥갓

지중해 연안이 원산지이고 국화과에 속한다. 잎의 크기에 따라 대엽종, 중엽종, 소엽종으로 구분한다. 쑥갓나물을 동호채, 애국채라고도 한다. 쑥갓은 인에 비해 칼슘과 비타민 A가 많다. 쑥갓에는 비타민 C를 파괴하는 효소 아스코르비나아제(ascorbinase)가 있어 조리 초기에 사용하면 비타민 C를 파괴하므로 조리 마지막에 살짝 넣어 사용한다.

(12) 미나리

[그림 7-30] 미나리

미나리과의 다년초로 우리나라에는 강활, 기름나물, 바다나물, 어수리, 시호 등 80여 종이 분포되어 있다고 한다. 미나리는 수분이 약 93%를 차지하고 있고 섬유소의 함량이 높다. 또한, 비타민이 풍부한 알칼리성 식품이며, 미나리가 갖고 있는 특수한 정유 성분과 철분의 함량이 정신을 맑게 하고 혈액을 보호한다고 한다. 미나리는 습지에서 자라는 돌미나리와 논에서 나는 물미나리가 있다. 독미나리의 독성분은 시쿠톡신이라는 경련독으로 구토, 현기증, 경련 등을 일으키기도 한다.

(13) 샐러리

미나리과에 속하고 스웨덴이 원산지이다. 황색종, 담록종, 농록종의 3가지가 있으며, 위의 활동을 원활하게 하는 성분과 강장 효과가 있는 것으로 알려져 있다. 또한, 비타민 B_1, B_2가 다른 채소보다 10배 이상 많고, 철분이 많은 것이 특징이다. 샐러리는 특유의 향과 맛을 내는 성분으로 세단올(sedanol), 세단올라이드(sedanolide), 아핀(apiin) 등을 함유하고 있다.

[그림 7-31] 샐러리

(14) 양파

[그림 7-32] 양파

양파는 백합과에 속하고 페르시아 · 이란 지방이 원산지이며, 비늘 줄기가 발달되어 있다. 양파의 탄수화물에는 포도당과 설탕이 다량 함유되어 있어서 단맛을 내는데 양파가 생장하여 성숙할수록 그 양이 증가한다. 특유의 향기 성분은 유화수소, 머갑탄, 디설파이드류, 알데히드 등이다. 자극적인 성분은 알리신이며, 양파는 다른 식품의 비타민 B_1의 흡수를 도와주기도 한다. 양파에는 껍질에 퀘르세틴(quercetin)이라는 황색색소가 함유되어 있어서 고혈압 예방에도 효과가 있다고 한다. 이 성분은 지방 성분의 산패를 막아준다.

5) 근채류

(1) 무

코커서스 남부와 그리스 지중해 연안이 원산지로 겨자과에 속하는 1년생 또는 월년생 초본이다. 무는 보통 흰색이 많으나 붉은색과 검은색도 있다고 한다. 우리나라에는 재래종인 조선무와 왜무 계통이 많다. 그중 용도별로 구분해 보면 성호원종, 서울무, 울산무, 느르박이무, 궁중, 연마종이 있다.

무는 수분이 약 94% 이상 차지하고 있고 단백질과 지질의 함량은 낮은 수준이다. 무에는 포도당과 설탕이 포함되어 있어서 단맛을 내고 무기질은 골고루 함유하고 있다. 무의 매운맛과 향기 성분은 메틸머캡탄(methylmercaptan)과 배당체 시니그린(sinigrine)의 분해로 생긴 머스타드 오일(mustard oil)이다.

무의 효소로는 전분 분해효소인 아밀라아제(amylase)가 가장 많고 산화효소, 암모니아를 만드는 효소, 카탈라아제 효소 등이 들어 있다. 무잎은 녹색채소로 카로틴과 비타민 C도 많이 들어 있으며, 물에 삶았을 때에도 절반은 잔존하는 것으로 알려져 있다.

조선무 단무지무 동치미무

[그림 7-33] 무의 종류

(2) 우엉

국화과에 속하며 지중해 연안에서 서부아시아 지역이 원산지이다. 구미 각국에서는 식용하지 않으며 한국, 일본, 중국에서 주로 사용한다.

[그림 7-34] 우엉

우엉은 수분이 약 80.3%를 차지하고 있어 비교적 낮은 수준이고, 탄수화물은 약 15.5%를 차지하는데 탄수화물 중 전분과 이눌린(inulin)의 함량이 높다. 이눌린은 혈당량에 영향을 미치지 않기 때문에 당뇨 환자가 안전하게 이용할 수 있는 재료이다.

우엉의 폴리페놀 성분 중 타닌(tannin)은 떫은맛을 낸다. 우엉의 껍질을 제거한 상태에서 식초물에 담가 놓으면 폴리페놀 옥시데이스의 작용이 저해되어 갈변을 막을 수 있고 타닌이 식초물로 빠져나와서 떫은맛을 줄일 수 있다. 우엉을 삶으면 우엉 중의 알칼리성 무기질에 의해 안토시아닌(anthocyanin)계 색소가 변색하여 파란색을 나타내는 경우가 있다.

(3) 연근

[그림 7-35] 연근

연근은 열대아시아, 인도, 중국이 원산지이며 수련과에 속한다. 꽃은 흰색과 분홍색 두 가지가 있는데 흰색은 생식용으로, 분홍색은 조리용으로 많이 쓰인다. 탄수화물은 대부분이 전분이다. 단백질을 구성하는 아미노산에는 아스파트산(aspartic acid), 아르지닌 등이 많이 포함되어 있고 인지질인 레시틴(lecithin)을 함유하고 있다. 무기질로는 인(P)의 함량이 높은 수준이고 비타민 C가 많이 함유되어 있다.

타닌과 클로로젠산 등의 폴리페놀을 함유하고 있어서 산소와 접촉하면 산화효소에 의해 갈색으로 변하게 된다. 연근을 식초물에 담가 놓으면 산화효소의 역가가 저하되고 산소와의 접촉을 막을 수 있어서 갈변을 방지할 수 있다.

(4) 당근

[그림 7-36] 당근

당근은 아프가니스탄, 유럽, 아프리카가 원산지이며 미나리과에 속한다. 우리나라에는 당나라에서 도입되었기 때문에 당근이라고 부르게 되었으며, 당근은 채소류 중에서 카로틴

(carotene)이 가장 많이 들어 있으나 생으로 먹으면 소화 흡수율은 좋지 않다.

당근은 수분의 함량이 약 89.5%를 차지하고 있고 탄수화물이 약 8.6%를 차지하고 있는데 탄수화물 중에 설탕의 함량이 많아서 단맛을 낸다. 무기질로 칼슘과 인의 함량이 높고, 비타민 A가 채소류 중에서 가장 많이 포함되어 있다. 특히, 비타민 A의 전구체인 베타-카로틴의 함량이 높은데 베타-카로틴은 체내에서 세포 노화 방지 기능이 있는 것으로 알려져 있다.

또한, 당근에는 비타민 C를 파괴하는 아스코르브산산화 효소(ascorbic acid oxidase)가 다량 함유되어 있어 무와 같은 비타민 C가 많은 것과 같이 갈면 비타민 C를 파괴하게 되므로 주의해야 한다.

(5) 도라지

[그림 7-37] 도라지

도라지는 초롱과에 속하는 다년초로 당분과 섬유질이 많고 칼슘과 철분이 많은 알칼리성 식품이다. 화농성 질환, 천식, 인후염 등에 약효가 있다고 알려져 있다. 종류로는 백도라지, 꽃도라지, 약도라지가 있다.

섬유소가 많이 포함되어 있다. 비타민 C의 함량이 상대적으로 높은 편이다. 도라지의 사포닌(saponin) 성분은 가래를 감소시키고 염증 완화의 기능이 있는 것으로 알려져 있고, 한방에서 이러한 기능을 위한 약재로 이용되고 있다.

(6) 호박

호박은 중앙아메리카, 인도, 캄보디아가 원산지이며 박과에 속한다. 우리나라에는 일본과 중국에서 들어 왔으며, 승려들이 먹었다 하며 승소라고도 했다. 호박은 품종에 따라 영양 성분도 크게 차이가 있다고 한다.

호박에는 탄수화물이 약 5.9% 함유되어 있는데 그중 설탕이 차지하는 비율이 약 30% 정도로 높아서 단맛이 강하다. 비타민 B_1의 함량이 비교적 높은 편이고 카로틴이 다량 포함되어 있다. 호박의 씨에는 단백질과 지질이 풍부하게 들어 있고 인지질의 일종인 레시틴과 필수아미노산, 필수지방산 등이 함유되어 있어서 영양적으로 우수한 재료이다.

호박의 색은 카로틴과 잔토필(xanthophylls)에 의한 것이다.

[그림 7-38] 호박의 종류

(7) 오이

오이는 넝쿨형 초본으로 인도가 원산지이다.

[그림 7-39] 오이

오이는 수분이 가식부의 약 95.9%를 차지할 정도로 수분의 함량이 높고 상대적으로 영양소의 함량이 적어서 섭취되었을 때 체내에서의 에너지 생산량이 다른 채소에 비하여 낮다. 오이 냄새는 오이 알코올 성분 때문이며, 오이 꼭지의 쓴맛은 쿠커르비타신(cucurbitacin)이라는 성분으로 저온에서 생육이 나쁘거나 건조가 심할 때 더 쓴맛이 나타난다.

(8) 가지

[그림 7-40] 가지

가지는 인도가 원산지로 가지과에 속한다. 가지의 성분에는 수분이 약 93.3% 포함되어 있고 탄수화물이 약 5.3%를 차지한다. 다른 영양소와 무기질, 비타민 등이 골고루 포함되어 있으나 그 함량은 적은 편이어서 가지의 영양적 가치는 비교적 낮다. 가지색은 안토시안(anthocyan) 색소인 나스닌(nasnin)과 히아신(hyacin)이다.

(9) 토마토

[그림 7-41] 토마토

토마토는 가지과에 속하며 남미가 원산지이다. 일년감 또는 남만시라고도 부르는데 토마토의 빨간색은 카로티노이드라는 물질 때문이며, 리코펀이 주성분이다. 루틴이라는 성분도 있어 혈관을 튼튼히 해주고 혈압도 내리게 해준다고 한다. 그 외의 성분으로 카로틴, 크산토필, 크립토크산틴 등이 있으며, 가공용은 리코펀이 많은 품종이 적합하다. 토마토는 주스, 케첩, 퓨레 등의 원료로 사용된다.

탄수화물은 주로 포도당과 과당으로 이루어져 있고 펙틴이 다량 포함되어 있다. 무기질과 비타민은 골고루 포함되어 있고 구연산, 사과산(malic acid), 주석산, 호박산(succinic acid) 등의 유기산을 함유하고 있어서 특유의 향과 신맛을 낸다.

(10) 수박

[그림 7-42] 수박

수박은 아프리카가 원산지이며 박과에 속한다.

수박의 약 93.2%는 수분이 차지하고 있고 탄수화물은 약 5.3%를 차지하며 그중 과당과 포도당의 함량이 높아서 단맛이 강하다. 과당과 포도당은 체내에서 흡수되어 에너지로 이용되는데 걸리는 시간이 짧으므로 수박은 피로 회복에 도움을 준다. 수박은 비타민 A, B_1, B_2, C가 있으나 적은 양이다. 수박에는 시트루린이라는 성분이 있어 단백질이 요소로 변하고 소변으로 배출되는 과정을 도와주기 때문에 이뇨 효과가 크다.

수박은 과육이 주로 이용되는데, 수박씨는 단백질, 지질, 탄수화물 등이 다량 함유되어 있고 비타민 B군의 함량이 높아서 영양적으로 우수하며 리놀레산이 많이 포함되어 있다.

(11) 고추

고추는 남미가 원산지이며 우리나라에는 일본을 통해서 들어 왔다고 해서 왜개자라고도 했다. 고추에는 비타민 A와 카로틴 함량이 높고 비타민 C 함량도 높다. 매운 성분은 캡사이신이고, 빨간색은 capsanthin과 카로틴이다.

[그림 7-43] 청고추와 홍고추

6) 버섯류

(1) 표고버섯

[그림 7-44] 표고버섯

참나무, 밤나무, 물가리나무에 기생하는 버섯으로 버섯 중 가장 많이 쓰인다. 비타민 B_1, B_2가 풍부하고 에르고스테롤(ergosterol)이 많이 들어 있다. 표고버섯에는 혈액 중의 콜레스테롤(cholesterol)의 양을 저하시키는 성분이 있어 동맥경화에 효과가 있다.

비타민 D 전구체인 프로비타민(provitamin) D를 다량 함유하고 있으며 정미 성분을 보유하고 있어 구수한 맛과 향을 발생한다. 방향 성분은 유황 함유 성분을 갖고 있는 레티오닌(lethionin)이고 칼슘, 인 등의 무기질도 함유되어 있다.

(2) 송이버섯

가을철 최고의 버섯으로 균사가 소나무의 실뿌리에 붙어서 기생한다.

[그림 7-45] 송이버섯

식이섬유, 비타민 B_1, B_2, 에르고스테롤이 많이 들어 있다. 송이버섯의 향기 성분은 메틸(methyl)과 마스다케올(matsutakeol)이다. 전분과 단백질을 분해하는 효소가 많아 송이버섯을 곁들인 음식은 소화가 잘된다. 또한 식이섬유가 많아 변비 예방과 당뇨병 치료에 효과가 있다.

(3) 목이버섯

목이버섯에는 검은색목이, 털목이, 백목이 버섯이 있는데 사람의 귀같이 생겨서 뽕나무, 참나무류의 고목에 기생한다. 목이버섯은 당분과 무기질이 풍부하다. 식이섬유 함량이 많아 정장작용을 하며, 혈액의 응고를 억제하여 심장병이나 뇌졸중 예방에 효과가 있다.

[그림 7-46] 목이버섯

(4) 느타리버섯

느타리버섯은 송이과에 속하고 활엽수에 발생하여 부채 모양 또는 반달 모양을 이룬다. 육질은 백색이고 부드러운 맛으로 널리 식용된다.

칼륨, 인과 비타민 C, 에르고스테롤(ergosterol)이 많다. 렌티오닌(lenthionine)에 의해 특유의 향기가 있다.

[그림 7-47] 느타리버섯

7) 과실류

(1) 사과

사과는 중앙아시아가 원산지이며 능금나무과에 속한다. 우리나라에서 재배되는 품종은 축, 욱, 스타킹, 홍옥, 국광, 부사, 인도 등이 있다.

사과는 탄수화물이 약 15.8%를 차지하고 있는데 대부분은 과당, 포도당, 설탕 등의 당분이다. 미숙한 사과에는 탄수화물로서 전분의 함량이 높은데 사과가 익을수록 그 함량이 줄면서 당분이 생성된다. 사과에는 펙틴이 1 ~ 1.5% 수준으로 포함되어 있으므로 잼이나 젤리의 재료로 이용할 수 있다.

사과는 칼륨, 칼슘, 나트륨 등 무기질 함량이 높은 알칼리성 식품이며 깎아서 공기 중에 두면 색깔이 갈색으로 변하는데, 이것은 사과 속에 있는 클로로겐산과 폴리페놀이 과육 중의 산화효소와 공기 중의 산소 때문에 산화되어 착색되는 것이다.

(2) 배

배는 동양종과 서양종으로 나누며, 돌배와 보통배로 나눈다. 돌배에는 석세포가 있는데, 이 석세포는 리그닌, 펜토산이라는 성분들로 된 세포막이 두꺼워진 후막세포이다. 배는 고기와 섞이면 배의 효소작용으로 인해 고기가 연해지고 소화성도 좋아진다. 배의 품종으로는 20세기, 금촌추, 장십랑 등이 있다.

배의 당 성분으로 과당, 포도당, 설탕 등이 포함되어 있고, 구연산(citric acid), 사과산(malic acid) 등의 유기산이 함유되어 있는데 그 양은 0.1% 정도로 낮은 수준이어서 배는 신맛이 강하지 않다.

배에는 단백질 분해효소가 들어 있어서 소화작용을 돕고, 육류를 조리할 때 배를 사용하면 육류를 부드럽게 할 수 있다.

(3) 감

감은 일본과 중국이 원산지이며, 떫은감과 단감이 있다. 탄수화물 중에는 포도당, 과당, 설탕의 함량이 높아서 단맛을 낸다. 감에는 비타민 A와 비타민 C의 함량이 높다. 감에는 베타-카로틴의 함량이 많아서 비타민 A의 역가가 높고 베타-카로틴과 크립토잔틴(cryptoxanthin) 등의 카로티노이드(carotenoid)계 색소에 의하여 감의 색이 결정된다.

[그림 7-48] 감

감의 떫은맛은 탄닌 성분의 일종인 shibuol이 탄닌 세포에 있어서 성숙하지 않아 약하기 때문에 쉽게 파괴되어 떫은맛이 강한 것이다. 또 탄닌은 수렴작용이 강하기 때문에 설사를 멎게 하는 것으로 알려져 있다.

(4) 감귤류

준인과류에 속하는 상록과수로 온주밀감, 여름밀감, 레몬, 그레이프 후르츠 등이 포함되어 있다. 감귤의 당 성분으로는 과당, 포도당, 설탕 등이 주로 포함되어 있고 유기산으로 구연산의 함량이 높다. 감귤이 숙성할수록 유기산의 함량은 낮아지고 당 성분의 함량은 높아진다. 감귤에는 비타민 C가 다량 함유되어 있고 무기질의 함량은 낮은 수준이다.

(5) 복숭아

복숭아는 중국이 원산지이고 백도와 황도로 나누며, 과육과 씨가 떨어지는 이핵과와 안 떨어지는 점핵과가 있다. 복숭아의 향은 개미산, 초산, 바레리안산 등의 에스텔과 알코올류 알데히드류가 섞여서 나는 것이다. 펙틴이 많아 잼과 젤리를 만들 수 있으며, 껍질에는 특수 성분이 있어 해독작용을 한다고 알려져 있다.

백도 황도

[그림 7-49] 복숭아

(6) 포도

포도는 유럽종과 미국종이 있으며 포도의 단맛은 대부분 포도당과 과당이다. 포도에는 주석산, 사과산, 펙틴, 이노시톨 등이 있어 장의 활동을 촉진시켜 주고 해독하는 작용도 한다. 포도의 적색은 안토시안계 에닌(oenin)이다. 비타민 C는 매우 적고 칼륨, 철분이 많이 들어 있다.

(7) 딸기

딸기의 원산지는 남미 지역으로 촉성형, 난지형, 중간형, 한지형으로 구분된다. 비타민 C의 좋은 급원이며, 색소는 안토시안계로 열에 약해서 가공 시 퇴색된다. 딸기는 생식용, 제과용, 잼, 젤리 등으로 이용된다. 비타민 C가 풍부하여 항산화작용이 뛰어나다.

딸기

산딸기

[그림 7-50] 딸기

(8) 밤

원산지는 중국과 유럽으로 주성분은 당질이고 카로틴, 비타민 B_1, C도 있다. 5대 영양소가 균형 있게 들어 있으며 밤다식, 밤단자, 밤주악, 떡, 엿 등으로 이용된다.

[그림 7-51] 밤

(9) 은행

은행은 중국이 원산지이다. 은행나무는 암수가 따로 있으며 열매를 맺는 데는 오랜 시간이 걸려 공손수라고도 한다. 잎이 오리발 같다고 하여 압각수라고도 한다. 성분은 대부분 전분이고 레시틴과 엘고스테린도 들어 있다. 또한, 청산 배당체가 있어 과잉 섭취 시 중독 현상을 나타내기도 한다고 알려져 있다.

[그림 7-52] 은행

(10) 호두

쌍자엽식물에 속하고 한국에는 호두나무, 굴피나무, 가래나무 등이 있으며 강도, 당추자, 추자, 핵도라고도 한다. 호두는 양질의 단백질과 영양가 높은 지방분이 많은 고칼로리 식품이다. 호두는 무기질과 비타민 B_1도 풍부해서 노화 방지와 강장 효과도 있고, 호두기름은 식용유, 향유, 화장용으로 이용된다. 또한, 불포화지방산의 함량이 높은데 그중에서 리놀레산(linoleic acid)이 다량 포함되어 있다.

[그림 7-53] 호두

8) 수산물류

(1) 고등어

[그림 7-54] 고등어

고등어는 회유어로 육질이 연해 부패도가 빠르다. 산란기인 여름에는 내장에 유독 성분이 만들어지고 부패 속도가 다른 생선에 비해 빠르다. 고등어 단백질에는 염기성 아미노산인 히스티딘이 많은 것이 특징이며 DHA, EPA를 풍부하게 함유하고 있고 비타민 B_2, 비타민 E가 많이 있다. 특히 껍질에 풍부한 비타민 B_2는 피부 미용에 도움이 된다.

(2) 꽁치

침어과에 속하며 몸이 칼 모양으로 길다고 해서 추도어, 추광어, 공어라고 부르기도 한다. 꽁치는 우수한 단백질을 가지고 있으며 쇠고기에 비해 비타민 A가 12배, 칼슘이 4배, 지방이 3배 가량 많다. 비타민 A가 많아 시력 보호와 감기 예방 효과가 있으며, 비타민 D, B_1, B_2도 많이 함유되어 있다.

[그림 7-55] 꽁치

(3) 청어

청어과에 속하고 빛깔이 청색이라고 해서 붙여진 이름이다. 비웃, 구구대, 눈검정이, 관목어라고도 불린다. 등푸른생선에 많은 EPA와 DHA는 적고, 올레산과 같은 단일불포화지방이 많아서 지질이 많아도 담백한 맛을 낸다. 비타민 A와 B_2, 니아신이 풍부하고 칼슘과 철도 많이 함유되어 있다.

(4) 멸치

정어리과에 속하며 뼈째 먹을 수 있는 대표적인 잔 물고기로 단백질, 칼슘, 무기질이 풍부하다. 멸치를 조미료로 많이 사용하는데, 멸칫국물의 감칠맛은 여러 가지 아미노산 맛과 글루타민산 함량이 많기 때문이다.

[그림 7-56] 멸치

(5) 참치

고등어과에 속하고 바다의 닭고기라고 부른다. 종류로는 날개다랑어, 황다랭이, 눈다랭이, 가다랭이로 종류가 많아 성분 차이도 많다. 참치는 우수한 단백질을 가지고 있으며 비타민, 무기질, 칼슘의 함량이 높으며 고혈압, 당뇨환자의 영양식으로도 좋다. 참치 고유의 맛은 이노신산이라는 물질이 들어 있기 때문이다.

(6) 조기

우리나라에서 고급 생선으로 분류되며 민어과에 속한다. 두개골 속에 돌같이 단단한 뼈가 있다고 해서 석어, 석수어라도고 부른다.

단백질과 지질이 풍부하고, 특히 철이 많아 빈혈 예방에 도움이 된다. 비타민 A와 D가 풍부해 몸이 쇠약하거거나 야맹증, 피로회복에 도움이 된다. 지질이 적어 소화가 잘되므로 성장기의 어린이나 소화기관이 약한 노인에게 좋다.

[그림 7-57] 조기

(7) 갈치

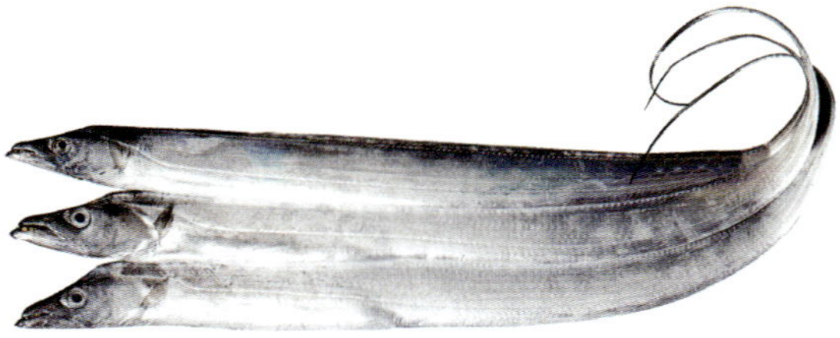

[그림 7-58] 갈치

갈치과에 속하고 칼같이 생겼다고 해서 붙여진 이름이다. 갈치 새끼는 풀치라고도 하며 빈쟁이라고 부르기도 한다. 온몸에 비늘이 없고 은백색 가루가 덮여 있는데, 이것은 인공진주의 광택용으로 사용되기도 한다. 흰살생선이지만 EPA, DHA가 풍부하다. 곡류에는 부족한 필수아미노산인 리신이 풍부하다.

(8) 가자미

가재미과에 속하며 참가재미, 돌가재미, 도다리, 찰가재미 등 여러 종류가 있다. 가자미는 콜라겐이 많이 함유되어 있어 피부 보호에도 좋다. 특히 겨울에 맛이 좋으며 지방은 적고 비타민 A가 간장에 많이 들어 있다.

[그림 7-59] 가자미

(9) 대구

대구는 대구과에 속하고 입이 커서 대구라고 하며, 머리가 크다고 해서 대두어라고도 부른다. 저지방 · 저열량 식품으로 단백질과 비타민 B_1이 풍부하다. 간유에는 비타민 A가 매우 풍부하여 시력 향상, 눈점막 건강에 효과적이며 야맹증 치료제로 이용된다.

(10) 명태

대구과에 속하며 조선조 중엽에 함북 명천군에서 태씨가 처음 잡았다고 해서 붙여진 이름이라고 한다. 명태는 망태 · 강태라고도 불리며, 명태 알은 명란젓을 담그며 간은 간유의 원료로 사용된다. 명태는 얼리면 동태라고 하며, 말리면 북어가 되는데 가장 품질이 좋은 북어를 살이 더덕처럼 브풀었다고 하여 더덕북어라 부른다. 서민적인 식품으로 전, 찌개, 포, 탕, 국, 구이 등 다양하게 이용된다.

(11) 복어

복어는 참복과에 속하며 배가 볼록해서 하돈이라고도 한다. 복어의 종류로는 가시복, 검복, 메리복, 황복, 흰점복 등이 있다. 복어살은 흰살생선으로 맛이 좋고 담백해서 회, 복지리, 탕으로 이용된다. 복어의 난소, 간장, 혈액 중에는 테트로도톡신이라는 맹독이 있으므로 이 기관들을 잘 제거하지 않으면 치사율이 높은 자연독 식품이다. 이 독소는 물에 녹지 않고 열, 효소, 황산 등에도 파괴되지 않으므로 조리할 때 세심한 주의가 필요하다.

(12) 오징어

오징어과에 속하며 뼈오징어, 갑오징어, 살오징어, 왜오징어 등이 있다. 오징어는 지방량이 적고 우수한 단백질을 풍부하게 가지고 있다. 마른 오징어의 단백질은 쇠고기 단백질의 3배 이상이나 들어 있다고 한다. 오징어는 인산의 함량이 많은 강한 산성 식품이며, 오징어의 조직은 서로 직각으로 교차되어 있어 열을 가하면 즉각 오그라드는 것이 특징이다.

(13) 굴

굴은 바다에서 나는 우유라고 할 만큼 어패류 중에서 여러 가지 영양소를 듬뿍 가지고 있는 영양식품이다. 바위에 붙어살고 있다고 해서 석화라고도 하며, 각종 비타민과 미네랄이 풍부하다. 겨울에 영양분을 축적하고, 글리코겐이 가장 많아 맛이 좋으며, 효과적인 에너지원으로 이용된다. 철과 구리가 풍부하여 빈혈 예방에 도움이 된다. 타우린이 풍부하고, 비타민 E, B_1, B_2, 아연이 풍부하다.

[그림 7-60] 굴

(14) 바지락

바지락은 백합과에 속하고 가장 흔한 조개이다. 비타민 B_{12}가 다량 함유되어 있고 칼슘, 철, 인, 단백질이 풍부하다. 가장 맛이 좋을 때는 봄철이고 여름철 산란기에는 독성이 있어 식중독을 일으킬 수도 있다.

[그림 7-61] 바지락

(15) 새우

새우는 갑각류 중 장미류에 속하며 종류가 매우 많다. 새우는 두흉부, 복부, 미부의 세 부분으로 되어 있고 참새우, 대하, 보리새우 등이 있다. 새우의 단백질은 필수아미노산이 풍부하고, 글리신과 베타인이 새우 고유의 풍미를 낸다. 새우는 단백질과 칼슘, 무기질, 인, 요오드, 철분, 비타민 등이 풍부해 강장식품으로 알려져 있다.

(16) 게

게는 갑각류로 절족 동물이다. 털게, 꽃게, 농게, 칠게, 달랑게, 참게 등 종류가 많다. 단백질 함량이 많고 각종 필수아미노산이 풍부하며 저지방 고단백이다. 게는 선도가 빨리 떨어져서 세균성 식중독을 일으키기 쉽다. 게 껍질의 색소는 아스타크산틴 이라는 성분이 단백질과 결합해 있으며, 익히면 붉은색으로 변하는 것은 이 색소단백질이 변성해서 아스타크산틴이 유리하여 아스타신이 되기 때문이다. 게의 독특한 맛은 글리신, 타우린, 아르기닌, 베타인 성분이 많기 때문이다.

9) 육류

(1) 쇠고기

소의 품종은 육용, 유용, 역용 및 병용종 등으로 구분한다. 쇠고기는 소의 품종, 사육 방법, 성숙 기간, 부위별에 따라 품질과 맛이 달라진다. 쇠고기는 크게 10개 부위로 구분된다.

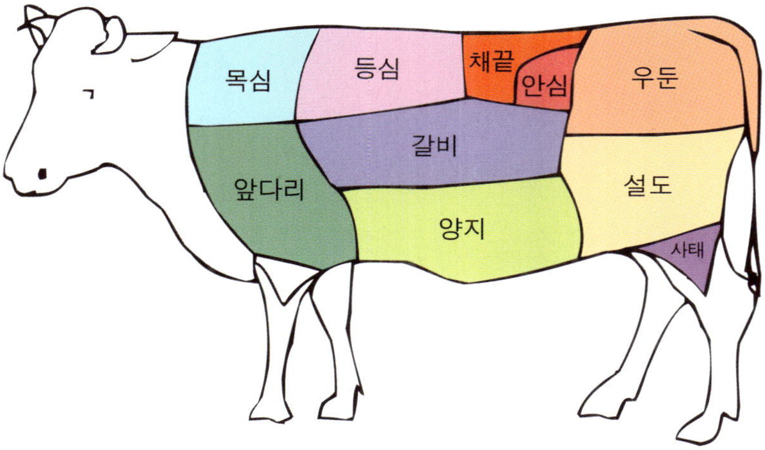

[그림 7-62] 쇠고기의 10개 부위의 위치 및 명칭

부위별	특징	용도
목심 (chuck roll)	목심에는 여러 개의 다양한 근육이 모여 있으며 안쪽에 발골자국이 선명하고, 두꺼운 힘줄이 여러 갈래로 갈라져 표면에 나타난다. 약간 질기지만 지방이 적당히 함유되어 있어 풍미가 좋은 편이다.	스테이크, 구이, 불고기
앞다리 (clod)	안쪽으로 어깨뼈를 떼어낸 넓은 피막이 나타나며 안심과 유사한 쐐기형의 살 뭉치가 달려 있다. 힘줄이나 막이 있어 부분적으로 약간 질긴 것도 있으나 고기의 결이 곱기 때문에 불고기용으로 사용된다.	육회, 스튜, 탕, 조림, 불고기
갈비 (ribeye roll)	옆구리 늑골을 감싸고 있는 부위이다. 늑골은 13대이고, 육질은 근육조직과 지방조직이 3중으로 형성되어 있으며, 특이한 맛이 있다.	떡갈비, 찜, 탕, 구이
양지 (brisket)	앞가슴으로부터 복부 아랫부분까지이다. 지방과 근막이 많이 형성되어 있고, 차돌박이가 여기에 포함된다.	국거리, 스튜, 분쇄육
등심 (sirloin)	비육이 잘된 소의 등심은 고기 속에 대리석처럼 지방이 박혀 있어 풍미가 좋다. 표피 쪽은 지방층과 비교적 두터운 피막이 있고, 안쪽에는 등뼈를 제거한 자국이 선명하게 있다.	스테이크, 등심구이
채끝 (striploin)	단일 근육으로 등심과 비슷한 모양이고, 스커트 모양의 치맛살이 포함된다. 고기의 결이 곱고 비육이 잘된 소의 채끝에는 대리석처럼 지방이 있는 것도 있다.	스테이크, 로스구이

안심 (tenderloin)	고기의 조직이 부드럽고 연하며, 겉면에 지방과 얇은 근막이 형성되어 있다.	고급 스테이크, 로스구이
우둔, 방심 (round)	둥근 모양의 살덩이로 고기의 골이 약간 굵은 편이나 근육막이 적어 연한 편이다. 비육이 잘된 소의 우둔은 로스구이나 주물럭 등심으로 이용할 수 있다.	산적, 장조림, 육포, 불고기
설도 (rump)	설깃, 도가니살, 보섭살로 구성되어 있다. 고기의 질은 우둔과 유사하며, 보섭살은 채끝과 연결되는 부분으로 풍미가 좋아 스테이크로도 이용할 수 있다.	산적, 장조림, 육포
사태 (shank)	앞 · 뒷다리 상박 부위로 근막이 발달되어 있다. 고기의 결이 고우며 풍미가 좋다. 사태 부위에서 가장 큰 근육을 아롱사태라 하며, 육회용으로 가장 적합하다.	육회, 탕, 스튜, 찜

[표 7-1] 쇠고기의 10개 부위의 특징

(2) 돼지

돼지의 품종은 100여 종이 되는데, 크게 나누어 중국종과 서양종이 있다. 중요한 품종으로는 요크셔, 버크셔, 랜드레이스, 듀룩저지, 햄프셔, 미네소타, 디요크셔 등이 있다. 돼지고기는 육량과 육질, 외관 등을 종합 평가하여 A, B, C, D 4등급으로 나눈다. 돼지의 부위는 크게 7개 부위로 구분한다.

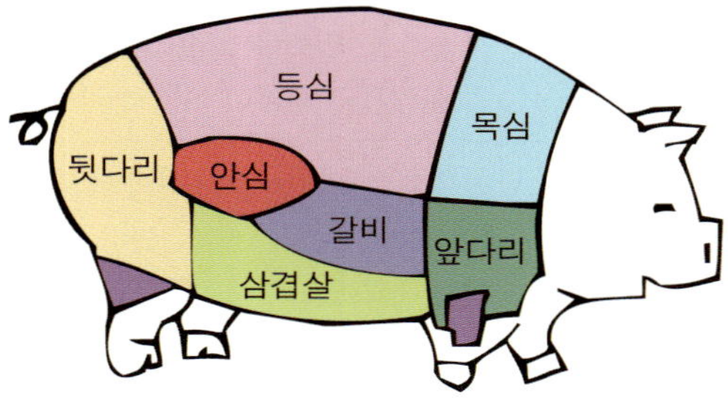

[그림 7-63] 돼지고기의 7개 부위의 특징 및 용도

부위별	특징	용도
목심	등심에서 목쪽으로 이어지는 부위로써 여러 개의 근육이 모여 있다. 근육막 사이에 지방이 적당히 함유되어 있어서 풍미가 좋다.	구이
앞다리	어깨 부위의 고기로써, 안쪽 부분에 어깨뼈를 떼어낸 넓은 피막이 나타난다.	불고기, 찌개, 수육(보쌈)
갈비	옆구리 늑골(갈비)의 첫 번째부터 다섯 번째까지의 늑골 부위를 말하며, 근육 내에 지방이 함유되어 있어 풍미가 좋다.	바비큐, 불갈비, 갈비찜
삼겹살	갈비를 떼어낸 부분에서 복부까지의 넓고 납작한 모양의 부위이며, 근육과 지방이 삼겹의 막을 형성하여 풍미가 좋다.	구이, 베이컨(가공용)
등심	표피 쪽에 두터운 지방층이 덮인 긴 단일 근육으로써 고기의 결이 고운 편이다.	폭찹, 스테이크
안심	허리 부분 안쪽에 위치하며, 안심 주변은 약간의 지방과 근막이 형성되어 있고, 육질은 부드럽고 연하다.	탕수육, 구이, 로스, 스테이크
뒷다리	볼기 부위의 고기로써 살집이 두터우며 지방이 적다.	튀김, 불고기, 장조림

[표 7-2] 돼지고기의 7개 부위의 특징 및 용도

(3) 닭고기

닭은 육용종과 알육겸용종이 있다. 영계는 단백질이 많지만 탄수화물은 매우 적다. 비타민 B_1, B_2, 니아신(niacin)이 많고 비타민 A도 많다. 품종은 백색 코니수와 뉴햄프셔가 있다.

[그림 7-64] 닭고기의 부위별 명칭

10) 기타

(1) 우유

우유는 모든 영양소를 갖춘 우수한 식품으로 젖소에서 바로 생산된 우유를 생유 또는 원료유라고 한다. 우유에는 8가지 필수아미노산이 들어 있고 지방은 미립자로 잘 유화되어 있다. 우유의 탄수화물은 유당인데, 유당은 포도당과 갈락토스로 구성되어 있다. 우유의 단백질은 카제인이며 우유에는 칼슘, 철분 등 무기질과 비타민 B_2, D가 모유보다 많다고 한다. 우유를 가공하여 만든 유제품에는 시유, 연유, 분유, 크림, 버터, 치즈, 아이스크림, 젖산균 발효유 등이 있다.

(2) 커피

구분		종류	생산국	비고
아라비아(Arabica)	브라질(Brazil)	산토스, 미나스, 리오, 빅토리아	브라질	- 세계 총생산량의 1/3 점유 - 원두 모양은 원형 또는 타원형 - 부드럽고 신맛이 강함 - 산토스 항구에서 출하되는 산토스가 가장 좋은 품질로 평가됨 - 등급은 No.2를 표준으로 No.2 ~ No.8까지 번호를 붙여 출하됨
		에디오피아 아라비카	에디오피아	
	마일드(Mild)	모카(Mocha)	아라비아	- 남아라비아 및 예멘 지방의 산악지대에서 생산 - 원두는 황록색 - 신맛과 단맛이 좋으며 뛰어난 향기를 지니고 있음 - 흔히 커피의 귀족이라 불리며, 유럽인의 기호에 잘맞음

<table>
<tr><td rowspan="3">아라비아
(Arabica)</td><td rowspan="3">마일드
(Mild)</td><td>콜롬비아(Colombia)
메델린, 보고타
아르메니아</td><td>콜롬비아</td><td>- 세계 제2위의 생산량
- 원두는 청록색으로 크고 일정함
- 수세식 정제 방법 사용
- 풍미, 신맛, 단맛이 뛰어나며 향기와 맛이 진함
- 추출량이 브라질산보다 약 20% 이상 더 나옴</td></tr>
<tr><td>과테말라
(Guatemala)</td><td>과테말라</td><td>- 원두는 청록색으로 긴 타원형 또는 둥근 모양
- 신맛과 단맛이 있고 향과 맛이 진함</td></tr>
<tr><td>에티오피아
(Ethiopia</td><td>에티오피아</td><td>- 아라비아종의 원산지
- 원두는 청록과 황록으로 모양이 길다.</td></tr>
<tr><td colspan="2" rowspan="5">로브스타
(Robusta)</td><td>엘살바도르
(El Salvador)</td><td>엘살바도르</td><td>- 기후 조건이 우수하여 어느 지역에서나 재배 가능
- 산지의 고도에 따라 등급 분류
- 원두는 아름다운 녹색을 띠고 있으며, 크기가 굵고 일정
- 맛과 향기기 진함</td></tr>
<tr><td>멕시코(Mexico) :
코르도바, 베타쿠르스, 오리자바</td><td>멕시코</td><td>- 중남미의 대표적인 커피로써 격조가 높고 상쾌한 산미가 있음
- 배합용으로 많이 사용됨</td></tr>
<tr><td>블루 마운틴
(Blue Mountain)</td><td>자메이카</td><td>- 자마이카섬 동부의 2,500m 고지대에서 생산
- 원두는 담청색
- 생산량은 극히 적으며 세계 제1급 커피
- 감, 산, 고미가 잘 조화되어 있음</td></tr>
<tr><td>탄자니아
(Tanazia)
킬로만자로</td><td>탄자니아</td><td>- 킬로만자로는 신맛이 대단히 강하고 향기가 높음
- 모카와 콜롬비아를 배합한 듯한 맛을 지니고 있음
- 스트레이트용으로 많이 사용</td></tr>
<tr><td>베네수엘라
(Venezuela)
카라카스, 다치타,
마라가이브</td><td></td><td>마일드 커피의 우수품으로 정평</td></tr>
</table>

로브스타 (Robusta)	인도네시아 (Indonesia) 만데린	인도네시아	- 신맛과 단맛이 있음 - 품종은 wib와 ek 1이 있음 - 수마트라섬에서 재배되는 '만테린'은 품질이 대단히 우수하며, 쓴맛과 신맛이 고르게 조화되어 있어 스트레이트용 및 배합용으로 사용
	아이보리코스트 (Ivory Coast)	아프리카	- 아프리카에서 가장 많이 생산되는 품종으로 세계 3위의 생산량 - 인스턴트 커피용으로 널리 쓰임

Part

08

식품 감별

1. 식품 감별의 목적

2. 식품 감별 방법

3. 식품의 품질 기준

4. 식품의 감별 기준 항목

5. 식품별 감별법

08 식품 감별

1. 식품 감별의 목적

식품의 감별은 주로 감별자의 경험이나 문헌상의 지식을 기초로 하여 이루어지는데, 식품의 품질이나 위생면에서 부정 또는 불량식품을 적발하고 위생상 유해한 식품을 감별하여 식중독이나 식품으로 오는 여러 가지 피해를 사전에 방지하기 위함이다.

2. 식품 감별 방법

식품의 감별 방법에는 관능 검사 방법과 이화학적 검사 방법이 있다.

1) 관능 검사 방법

맛, 냄새, 향, 촉감, 광택, 외관 등에 의해서 식품의 품질을 검사하는 방법이다.

① 외관 요소 : 선도, 색도, 광택, 형상, 크기, 탄력

② 향미 요소 : 단맛, 신맛, 쓴맛, 짠맛, 떫은맛, 향기

③ 조직 요소 : 단단한 정도, 신선도, 씹는 감각, 탄성 등 조직감

④ 안전성 : 중금속, 농약, 약제 오염 여부, 병원균 불순물 오염도

2) 이화학적 방법

이화학적 방법은 여러 가지 실험 방법을 통해서 식품을 감별하는 것으로 다음과 같은 방법의 종류가 있다.

① 검경적 방법 : 현미경 검사에 의해서 식품의 세포나 조직의 모양, 협잡물, 미생물의 존재를 확인하는 방법

② 화학적 방법 : 화학적 실험에 의하여 영양소의 분석, 첨가물, 이물질, 유해 성분을 검출하는 방법

③ 물리적인 방법 : 물리적 실험에 의하여 식품의 중량, 부피, 크기, 비중, 경도, 점도, 응고 온도, 빙점, 융점 등을 측정하는 방법

④ 생화학적인 방법 : 생화학 실험에 의하여 효소 반응, 효소 활성도, 수소이온 농도 등을 측정하는 방법

3. 식품의 품질 기준

기준 종류	품질 기준
육류	- 근내지방도 : 근육 속에 지방의 분포가 Marbling(대리석 무늬) 형태를 이루고 있을 것 식품의 품질 기준 - 육색 : 고기의 색은 선홍색으로 밝고 윤기가 나는 것이 좋다. - 지방색 : 지방의 색은 흰색에서 연노랑색의 범위에 있는 것이 좋다. - 조직감 : 육질의 결이 곱고 보습성과 탄력성이 있는 것 - 성숙도 : 연골이 적당히 남아 있는 어린 소로 골화가 많이 진행되지 않은 것 - 지방이 살 속에 고루 박혀 있어야 한다. - 고기의 결이 거칠지 않아야 한다. - 살코기는 섬유질이 가늘지만 단단하고 탄력이 있어야 한다.
곡류	- 품종 고유의 특성을 갖고 깨끗이 정선된 것 - 적당한 수분함량을 포함하고 잘 건조된 것 - 낱알이 고르고 이물질이 섞이지 않은 것 - 도정 상태가 위생적으로 처리된 것 - 특유의 색깔을 띠고 있는 것

수산물	- 아가미 색이 선홍색이어야 한다. - 눈은 산 것처럼 선명하고 튀어나와 있어야 한다. - 생선살은 탄력성이 있어야 한다. - 비늘은 들뜨지 않고 얇은 젤라틴 막으로 덮여 있으며, 광택이 있어야 한다. - 지느러미나 꼬리가 손상되어 있지 않고 내장이 나와 있지 않아야 한다. - 윤기가 흐르고 광택이 있으며 그 특유의 색택을 갖고 있어야 한다. - 복부가 단단하고 손으로 눌러 보았을 때 탄력이 있어야 한다.
채소류	- 각 채소가 가지고 있는 특유의 향과 고유한 색상이 선명하고 광택이 있어야 한다. - 적정 수분량을 함유하고 있어 신선도를 유지하고 있어야 한다. - 외형의 손상이 적고 폐기량이 적어야 한다. - 적정 크기와 중량을 갖추어야 한다. - 병충해나 유통 보관상의 부패성 농약 잔유물이 없어야 한다.

4. 식품의 감별 기준 항목

식품군	주요 식품	감별 항목
곡류	쌀	낱알의 상태(모양, 크기, 색, 광택), 중량, 고르기, 부서짐, 수분 단단하기, 이물, 맛, 냄새, 병변 식품의 감별 기준
	밀가루	가루의 상태, 색과 광택, 냄새, 이물, 벌레, 위화물, 표시, 곰팡이
	빵	표피의 색, 표피의 질, 모양, 촉감, 맛, 향, 표시, 곰팡이, 첨가물, 포장
감자류	고구마	형상, 표피, 육질, 색과 광택, 맛, 병충해, 상처, 부패
	감자	종류, 산지, 형상, 색, 맛, 크기, 싹의 유무
당류	설탕	색과 광택, 이물, 덩어리, 맛, 냄새
	잼	색과 광택, 굳기, 이물, 향미, 맛, 냄새, 잡티
유지류	식용유	맑기, 향, 냄새, 혀에 닿는 감촉, 색과 광택, 제조일자, 유통기간
	마가린	융점(32~37℃), 수분, 색조, 향미, 조직, 점도, 포장 표시
콩류	대두	색과 광택, 모양, 잡티, 향미, 맛, 미숙 입자, 이물, 벌레
	두부	표면의 감촉, 굳기, 형상, 냄새, 파손

어패류 및 가공품류	생선	신선도, 눈, 비늘, 아가미, 살의 탄력, 냄새
	동결 제품	색과 광택 변색, 손상, 냄새, 이물, 탄력, 표면의 끈끈함
	어육가공품	색과 광택, 모양, 이물, 냄새, 맛, 탄력, 표면의 끈끈함, 껍질, 표시, 제조일자, 유통기간
육류	수조육	색, 냄새, 향, 탄력, 지방의 비율, 굳기
	햄 · 소시지	색과 광택, 모양, 손상, 탄력, 향미, 이물, 맛, 냄새, 표면의 끈끈함, 껍질, 표시, 제조일자, 유통기간
난류	달걀	색과 광택, 모양, 손에 닿는 감촉, 혀에 닿는 감촉, 투시(빛), 난백 · 난황의 상태, 이상 여부, 난황계수, 난백계수(비중)
우유류	우유	색과 광택, 점조도, 냄새, 용기, 포장 표시(비중), 알코올 테스트
	탈지분유	색과 광택, 향미, 이물, 맛, 냄새, 용해도
	치즈	반점, 조직, 풍미, 맛, 냄새, 곰팡이, 포장 표시
	버터	색조, 향미, 이물, 포장 표시
채소류		신선도, 폐기율, 색, 광택, 모양, 중량, 굳기, 농약 잔류
과일류		성숙도, 색, 모양, 향, 중량, 광택, 농약 잔류
버섯류	마른 버섯	건조도, 변색, 변질, 형상, 향, 두께
해조류	다시마	외관, 이물, 건조도, 향
조미료류	된장	색, 향, 발효 정도, 이물, 냄새, 곰팡이
	간장	색, 윤기, 향, 풍미, 맛, 냄새
	마요네즈	색과 광택, 착색료, 향미, 유화 상태, 점조도, 맛, 냄새, 이물
	식초	탁도, 침전물, 향미
	토마토케첩	광택, 향미, 냄새, 입자, 점조도, 이물, 용기
냉동식품		모양 : 동결 상태에서 제품이 부서지거나 손상이 없는 것 색과 광택 : 특유의 색이 보이는 것 서리가 많이 부착된 것은 좋지 않음 향미 : 특유의 향미를 갖고 냄새가 없어야 함 육질 또는 조직 : 얼음 결정이 큰 것, 균일하게 되어 있는지 점검, 얼음 결정의 수가 많은 것은 피한다. 균일성 : 조직 배합이 균일하게 되어 있는지 점검 잡티, 이물질이 없는 것 기타 : 포장, 표시, 중량, 빵가루의 비율, 품질의 온도 등

5. 식품별 감별법

1) 곡류

품목	감별법
쌀	- 낱알이 고르고 이물질이 섞이지 않을 것 - 낱알의 건조 상태가 좋고 씹었을 때 투명하고 딱딱할 것 - 수분함량(15~16%)을 가지고 윤기가 나는 것
보리	- 낱알이 고르고 건조 상태가 좋은 것 - 수분함량(14% 이하)이 적당하고 이물질이 섞이지 않은 것 - 품종 고유의 특성을 가지고 있는 것
밀가루	- 건조 상태가 좋은 것 - 덩어리가 없고 이상한 맛과 냄새가 나지 않는 것 - 고유의 색상을 가지고 있고 지나치게 표백하여 흰색을 나타내고 있지 않은 것
콩	- 각 품종별 고유의 진한 색상을 가진 것 - 알이 균일하고 살찌고 광택이 있을 것 - 이물질이 섞이지 않고 건조 상태가 좋은 것
팥	- 크기가 균일하고 색상이 선명하고 진할 것 - 껍질이 매끈하고 단단하며 적당한 수분함량(14% 이하)을 가질 것 - 이물질의 혼입이 없을 것
참깨	- 입자가 균일하고 타원형으로 건조 상태가 좋을 것 - 이물질 혼입이 없고 유분함량이 높을 것 - 착유 시 고소한 맛과 향이 강할 것

2) 서류

품목	감별법
고구마	- 잘 여물고 속이 단단한 타원형인 것 - 흙이 완전히 소제된 것으로 껍질을 벗겨 먹었을 때 단맛이 나는 것 - 병충해, 흠, 부패, 발아가 없는 것 - 겉에 골이 많이 지지 않고 매끄러우며 색깔은 자줏빛이 좋음 - 조금 통통하며 크기와 모양이 일정해야 함 - 알이 굵어야 하며 개당 250g 이상으로 규격이 일정해야 함
감자	- 잘 여물고 알이 굵어야 하며 색은 흰 것이 좋다 - 청색이 나지 않고 병충해, 흠, 부패, 발아가 없는 것 - 눈이 깊지 않은 형태로써 쉰 듯한 냄새가 없는 것 - 흙이 완전히 제거되어야 하며, 겨울에 얼지 않아야 함 - 겉에 골이 많이 지지 않은 매끄러운 것 - 잘랐을 때 수분이 적고 끈적끈적한 전분기가 많아야 함 - 표면이 마르지 않아야 하고 주름이 없어야 함 - 봄철에는 싹이 나 있지 않아야 하고 겨울철에는 얼지 않아야 함

3) 채소류

품목	감별법
가지	- 색상이 진하고 표면이 매끄러우며 윤기가 나는 것 - 구부러지지 않고 통통한 것 - 꼭지 쪽에 흰 부분이 많은 것 - 벌레가 먹거나 구멍이나 곰팡이가 쓸면 안 되고, 진무른 것은 안 됨 - 잘랐을 때 안이 꽉 차 있어야 하며, 성숙한 씨가 있어서는 안 됨 - 먹었을 때 약간의 단맛이 있는 것 - 굵기는 일정해야 하고 곧아야 함 - 너무 딱딱해서는 안 됨
대파 중파	- 줄기의 신선도가 강하고 잎은 녹색으로 부드럽고 연한 것 - 뿌리 부분의 육질은 치밀하고 곧고 길며 굵은 것
실파 쪽파	- 잎이 연하고 신선한 것 - 꽃대가 피어서는 안 됨

당근	- 외관상 모양이 통통하며 갈라지지 않고 윗부분과 아랫부분이 거의 일정하게 살찐 것 - 마디나 뿔이 없어야 하며 색깔이 주황색으로 윤기가 나는 것 - 절단 시에 심이 없고 심 부분에서 주위까지 주황색으로 일정하게 같은 것 - 먹었을 때 연하고 단맛이 많은 것 - 흙이 묻어 있어서는 안 되며 크기와 모양이 일정하게 선별되어야 함
단호박	- 크고 표피에 흠이 없어야 하며 황색 또는 검녹색을 띠어야 함 - 절단하여 속을 상하지 않고 단맛이 나는 것
토마토	- 전체적으로 색상이 진한 것(과실의 70% 이상이 착색된 것) - 꼭지 부분이 새파랗고 신선한 것 - 모양이 둥글고 골이 지지 않고 잘 익은 것 - 깨지거나 진무르지 않고 무거운 것 - 완전히 익어서 물렁거리지 않는 것 - 속이 꽉 차 있는 찰토마토이어야 함
도라지	- 쉰 냄새가 없고 신선한 맛이 나는 것 - 껍질이 완전히 벗겨진 상태에서 쪼개진 상태가 일정하고 가지런한 것(찹찹이) - 색깔은 하얗고 촉감이 꼬들꼬들한 감이 있는 것 - 깐 도라지의 경우 색깔은 연한 노란빛이 좋음
레디시	- 알이 적고 둥글둥글하며 흠집이나 외피가 상하지 않은 것 - 진홍색으로 신선한 감이 들어야 함 - 잎이 시들지 않고 흙이나 이물질이 완전히 제거된 것 - 알에 바람이 들지 않아야 함 - 물에 젖지 않아야 함
미나리	- 신선도가 높고 잎이 시들지 않은 것 - 대가 가늘지 않고 뿌리와 시든 잎이 완전히 소제되어야 함 - 줄기를 부러뜨렸을 때 쉽게 부러지고 단 자체가 흐트러지지 않은 것 - 단 속에 지렁이나 거머리 등의 벌레, 이물질이 나오지 않아야 함 - 줄기가 굵고 마디 사이가 긴 것 - 잎은 농녹색으로 윤기가 뛰어나며 줄기에 붉은 빛이 없는 것
무	- 무 속이 꽉 차 있으며 무거워야 함 - 절단 시에 바람이 들지 않고 까만 심이 없어야 함 - 속 조직이 단단하고 치밀하며 연한 것 - 외피에 잔뿌리가 적고 썩은 부분이나 벌레 먹은 부분이 없는 것 - 몸매가 곱고 신선하며 윤택한 것 - 매운맛이 적고 단맛이 나는 것 - 몸통에 검은 가로줄이 없어야 함

마늘	- 6쪽으로 되어 있고 껍질이 담갈색 또는 담적색인 것 - 외형이 둥글며 육질이 단단하고 매운맛이 강한 것 - 껍질이 단단하게 붙은 것 - 싹이 돋지 않고 마르거나 썩지 않은 것
브로콜리	- 송이가 크고 꽃이 피지 않은 진녹색으로 싱싱한 것 - 꽃송이의 줄기를 바짝 절단되어 송이당 50g 이상인 것 - 꽃송이가 낱개로 떨어지지 않고 꽃송이의 입자가 균일하며 깨알처럼 작은 것 - 꽃송이 안에 벌레가 없어야 함
비트	- 속이 진한 자주색인 것 - 흠집이나 외면이 패여서는 안 되며 신선해야 함 - 잎과 줄기를 완전히 절단한 상태이며, 흙이나 이물질이 묻지 않은 것 - 외피를 눌렀을 때 단단한 것
셀러리	- 잎이 시들지 않고 신선한 것 - 잎은 녹색이며 몸체는 연녹색인 것 - 대가 굵고 연해야 함 - 속대와 겉대의 굵기가 일정해야 함 - 절단 시 바람이 들지 말고 쫑이 들지 말아야 함 - 윗잎은 모두 제거하여 절단하여야 함 - 속대가 오르지 않아야 함
고사리	- 대가 통통하며 쭈글쭈글하지 않고 연한 것 - 상품이 풀어지지 않은 가지런한 상태로 길이나 굵기가 고른 것 - 꽃이 많이 피지 않아야 함 - 색깔이 검붉은 것이어야 하고 줄기는 굵어야 함 - 고사리를 삶았을 때 밝고 선명하며 약간 밝은 갈색이 나야 함
느타리 버섯	- 완전히 피지 않고 형태가 유지된 것 - 진무르거나 속에 변색되어 파치가 없는 것 - 만졌을 때의 촉감이 폭신폭신하며 잿빛 색깔을 띤 신선한 것 - 갓이 떨어지지 않은 것
더덕	- 모양이 크고, 잔발이 없이 일정한 것 - 껍질이 있는 더덕은 검은 흙에 마르지 않은 것 - 깐 더덕은 색상은 누렇지 않고 흰 빛깔로 퍼석퍼석하지 않은 것
두릅	- 대가 없이 잎파리가 나는 부분에서 절단된 것 - 잎이 완전히 펴서는 안 됨 - 잎의 색이 연두색으로 녹색을 띠어서는 안 됨

달래	- 찹찹이로 깨끗하게 소제된 것 - 신선도가 강하고 뿌리 표면이 매끄럽고 윤기 있는 것 - 입으로 씹었을 때 향긋한 내음이 있는 것 - 채가 짧으며 잎이 가늘고 뿌리가 커야 하며 규격이 일정해야 함 - 이물질은 깨끗이 제거되어야 함
쑥갓	- 대가 짧고 완전히 소제된 것 - 잎이 시들지 않고 가지런히 정리되어 파치가 없는 신선한 것 - 흙이나 이물질이 섞이지 않은 것 - 꽃대가 올라오지 않은 것 - 대가 연하며 잎이 많아야 함
스트링 빈스	- 촉감은 부드럽고 절단 시 속에 콩알이 들어 있지 않거나 아주 작은 것 - 양쪽 꼭지가 완전히 제거되어야 함 - 연한 녹색으로 몸통이 가늘고 균일해야 하며 굴곡이 없어야 함 - 활처럼 휘었을 때 부러지지 않아야 함
시금치	- 잎사귀가 넓고 벌레가 먹지 않은 연녹색의 싱싱한 것 - 뿌리와 마른잎 줄기는 완전히 제거되어야 함 - 잎수가 많고 두터우며 꽃대가 없는 것 - 뿌리는 붉은색이 많고 선명한 것 - 단을 해체했을 때 잡초가 섞이지 않아야 함 - 강한 줄기나 대가 없고 부드러워야 하며 꽃이 피어서도 안 됨
산마	- 흙이 제거되어야 함 - 썩은 부분이 없고 모양이 곧게 뻗은 것이 밭에서 생산된 것 - 갈았을 때 색이 변하지 않아야 함 - 모양이 울퉁불퉁해서는 안 되고 크기는 커야 함
숙주	- 머리 부분에 싹이 나지 않은 것 - 신선도가 높으며 길이가 4cm 미만인 통통한 것 - 잔뿌리가 없으며 석유 냄새나 이물질, 부패성 냄새가 없는 것
생강	- 수분함량이 70% 이상이고 크기가 굵은 것이 좋음 - 벌레가 먹거나 썩은 부분이 없고 싹이 터서는 안 됨 - 껍질은 완전히 벗겨져야 함 - 발이 적고 통통해야 섬유질이 적고 즙이 많음 - 고유의 매운맛과 향기가 강한 것

얼가리	- 시들지 않고 신선해야 함 - size가 균일해야 하며 흙과 불순물이 단 속에 없어야 함 - 중식용은 적은 size가 좋음 - 대는 연하고 가늘수록 좋고 줄기 부분은 흰색을 띠어야 함
양상추	- 결구가 단단히 되어야 하며 녹색 잎이 완전히 소제된 신선한 것(단, 중식은 결구가 덜된 중 size) - 속을 잘랐을 때 속대가 없어야 함 - 표면에 상처 또는 짓눌려 시든 것이 없어야 함 - sample을 잘랐을 때 내잎이 썩지 않고 꽉 차있어야 함 - 한 포기에 210g 이상이어야 함 - 잎이 연하며 아삭아삭 씹히는 맛이 있어야 함 - 중식의 경우 양상추 잎을 하나씩 사용하므로 가볍고 결구가 덜된 것
잎상추	- 크기가 일정해야 하며 잎이 썩거나 진무르지 않은 신선한 것 - 줄기의 길이가 짧고 잎 수가 많으며 주름이 균일하고 잎이 두꺼운 것 - 상추가 가지런히 정리된(일명 찹찹이 style) 상태로 흙이나 이물질이 없는 것 - 물에 담그지 않은 것 - 포기상추 또는 꽃상추는 대가 올라오지 않은 것 - 고유의 색상과 품질을 유지할 것 - 양식용으로는 조금 큰 것이 좋고 한식용으로는 조금 작은 것이 좋음
양파	- 외피가 진무르지 않고 상처가 없는 외경이 큰 것 - 만졌을 때 촉감이 딱딱한 것 - 특히 싹이 트지 않아야 하며 뿌리가 없어야 함 - 한 개에 250g 이상이어야 함 - 깐 양파의 경우 잘라내거나 벗겨진 부분이 누렇게 색이 변하면 안 됨 - 깐 양파의 경우 적황색의 껍질이 완전히 벗겨져 흰색의 뚜렷한 내피가 드러나야 함
양배추	- 잘 결구된 무거운 것으로 파란 겉잎이 완전히 소제된 것 - 잎이 신선하고 광택이 있어야 함 - 절단 시 속에 쫑이 없어야 하며 벌레가 먹지 않고 잎이 두꺼운 것 - 한 포기에 2.5kg 이상이어야 함 - 제과 주방의 경우는 포기가 큰 것
양송이	- 표피의 색깔은 하얗고 얼룩 반점이 없어야 함 - 외형이 갈라지거나 부서져서는 안 됨 - 크기는 직경 4㎝ 정도로 전체 물량이 동일한 크기여야 함 - 표피를 만져서 단단해야 하며 머리 부분이 피어서는 안 됨

우엉	- 줄기가 굵고 곧은 것 - 흙을 완전히 제거하여야 함
개량호박	- 외관상 연두색으로 윤기가 흐르며 신선도가 높은 것 - 위아래가 거의 일정한 크기로 휘어지지 않고 곧은 것 - sample을 잘라서 속이 차 있고 육질이 연하고 성숙한 씨가 없어야 함 - 줄기나 꼭지는 완전히 제거되어야 함
조선호박	- 연두색으로 크기가 작을수록 상품에 속함 - 육질이 치밀하고 단단한 것
연근	- 몸통이 굵고 곧아야 함 - 표면에 흠집이나 진물림 또는 몸통이 깨지지 않은 것 - 단면 빛깔이 희고 직경이 큰 것 - 진흙을 완전히 소제하여야 함 - 살집은 좋고 부드러워야 하며 건조되지 않아야 함 - 한식의 경우 가늘고 작은 크기가 좋음
오이	- 신선도가 크고 외부 표면이 까끌까끌하며 윤기가 있는 것 - 잘랐을 때 성숙한 씨가 없으며, 처음과 끝의 굵기가 일정하고 곧은 것 - 벌레먹은 구멍이나 곰팡이가 쓸거나 진무른 것이 없는 규격이 일정한 것 - 가시가 손상되지 않아야 신선한 것임 - 색깔이 선명하고 꽃이 붙어 있는 것 - 담백한 맛과 수분함량이 많아 시원한 맛이 강해야 함
적채	- 잘 결구된 무거운 것으로 겉잎이 완전히 소제된 원형인 것 - 색깔은 진보라색으로 선명하고 윤기가 있어야 함 - 절단 시 속에 쫑이 없어야 하며 벌레가 먹지 않은 잎이 두꺼운 것 - 한 포기에 1kg 이상이어야 함 - 겉잎은 윤기가 있고 마르지 않아야 함 - 한식 주방의 경우 아주 작은 것(500g 정도)이 좋음
중국부추	- 몸통 줄기가 통통하여야 하며, 시들지 않은 신선한 것 - 몸통의 흰 부분이 길어야 하며 꽃망울이 없어야 함 - 뿌리와 흙이 완전히 제거된 상태에서 40cm 이상이어야 함 - 양식에서도 가끔 사용하며 연하고 가는 것을 선호함
한국부추	- 줄기의 잎이 시들지 않은 신선한 것 - 꽃망울이 없고 길이가 17cm 이상이어야 함 - 뿌리와 흙이 완전히 제거되어야 함

통배추	- 외잎이 완전히 제거된 상태이어야 하며, 결구가 잘된 무거운 것으로 신선한 감이 있어야 함 - 자랐을 때 속이 차 있어야 하며 속잎이 썩거나 벌레가 없는 연백색이어야 함 - 잎이 두껍지 않고 굵은 섬유질이 없어야 함 - 잘랐을 때 속에 쫑이 생겨서는 안 됨 - 단맛과 고소한 맛이 있고 수분함량이 적은 것 - 밑동 뿌리 절단 면에 검은 테가 없어야 함 - 한 포기 무게가 2.5kg 이상되는 것이 좋음
토란	- 모양이 원형에 가깝고 알이 크며 머리 부분이 푸르지 않은 것 - 껍질을 벗겼을 때 살이 희고 흙을 완전히 소제한 것 - 잘랐을 때 단단하고 끈적한 감이 강해야 함
파세리	- 완전히 피지 않고 진한 연두색으로 신선한 감이 있어야 함 - 단으로 묶어져야 하며 잎이나 줄기가 억세지 않아야 함 - 1단에 10개 정도 묶는 것이 좋고 줄기의 길이는 약 3cm 이내여야 함 - 물을 축이지 않은 상태로 입고되어야 함 - 줄기의 길이는 3cm 이내이어야 함
풋마늘	- 줄기가 곧고 통통하며 신선한 것 - 뿌리와 시든 잎을 완전히 소제해야 함 - 흙이 묻지 않은 것
팽이버섯	- 포장이 터지지 않고 통통하며 연한 베이지 색깔인 것 - 눌리지 않고 머리가 떨어지지 않은 것 - 머리 크기가 일정하고 길이도 일정해야 함
생 표고버섯	- 갓이 완전히 피지 않고 형태를 유지한 것 - 갓의 표면은 암갈색, 속은 흰색을 띠어야 함 - 진무르거나 갓이 찢어진 것이 없어야 하며, 촉감은 폭신폭신한 탄력이 있는 것 - 물기가 없고 수분함량은 적어야 함 - 먹었을 때 약간의 단맛이 있어야 함 - 줄기를 만져 보았을 때 단단하고 통통해야 함 - 대가 짧고 가지런해야 함
풋고추 꽈리고추 홍고추	- 외관상 윤기가 흐르고 길이가 10㎝ 정도가 적당함 - 풋고추는 몸매가 곱고 통통하며 진한 녹색으로 선명하고 두꺼운 것 - 외피가 진무르거나 벌레가 먹지 않아야 함 - 씹어서 질겨서는 안 됨 - 홍고추의 경우 햇고추로써 빨간색으로 씨가 적은 것 - 꽈리고추는 연두색으로 부드럽고 연해야 함 - 홍고추는 꼭지를 빼고 15cm 이상이어야 함

피망	- 외관상 짙은 녹색을 띠고 있어야 하며 표피가 윤기 나는 신선한 것 - 깨지거나 짓눌려 흠집이 없어야 하며 냉장 상태로 보관되지 않은 신선한 것 - 굵고 크며 표피가 단단한 것 - 한 개에 70g 이상이어야 함
커리 플라워	- 완전히 피지 않은 아이보리색으로 흑점 및 자색이 있어서는 안 됨 - 꽃잎과 줄기는 제거되어야 함 - 꽃이 갈라지지 않은 탐스러운 형태로써 신선한 감이 있어야 함 - 꽃송이 입자가 균일하고 꽃송이가 작아야 함 - 줄기를 바짝 절단하여 송이당 200g 이상이어야 함 - 꽃송이끼리 접촉에 의해 상처를 입으므로 종이로 개별 포장을 함
콩나물	- 통 콩나물로써 통 자체에서 자란 것 - 머리 부분이 노랗고 썩은 반점이 없는 것 - 길이가 7cm 미만이어야 하고 잔뿌리가 없고 통통한 것 - 이물질이 섞여 있거나 석유 냄새나 썩은 냄새가 나지 말아야 함 - 소제 두절 콩나물의 경우에는 머리 부분을 완전히 제거함
깻잎	- 10매 단위씩 단으로 포장된 것으로 잎의 크기가 균일해야 함 - 짙은 녹색으로 줄기가 마르지 않고 벌레 먹지 않은 신선한 것 - 잎의 크기가 너무 커도 좋지 않고 일정해야 함 - 잎은 부드럽고 연해야 함
깐마늘	- 껍질이 완전히 제거되어야 하며 겉에 흠집이 있거나 썩어서는 안 됨 - 굵고 신선한 감이 들어야 하며 물기를 완전히 제거시켜야 함 - 껍질은 제거한 지 오래되지 않은 것
열무	- 대가 연하고 잎이 벌레 먹지 않은 것 - 줄기에 미세한 털이 많아야 함 - 포기당 50g 이상이어야 함 - 흙이나 불순물이 없고 잎이 싱싱한 것 - 크기가 일정하고 모양이 바른 것이 좋음 - 짓무르지 않아야 함

4) 과일류

품목	감별법
사과	- 신맛이 없고 클수록 상품이다 - 씹었을 때 녹는 기분이 들어야 함 - 때깔이 좋고 윤기가 나야 하며 표면에 상처가 없는 것 - 꼭지 반대 부위가 담황색으로 녹색기가 빠진 것 - 당도는 13 이상이어야 함 - 크기, 모양, 색상이 균일한 것 - 껍질은 얇고 과육은 단단하면서도 연한 것 - 과즙이 많고 고유의 향기와 단맛이 높은 것
배	- 겉모양이 매끄러우며 윤기가 있고 순종이어야 함 - 껍질이 얇고 육질은 단단하면서도 연하고 수확 당시의 신선도를 유지한 것 - 자른 부분이 하얗게 되어야 함 - 씹었을 때 섬유질이 씹히지 않아야 하고 수분이 많아 육질이 녹는 기분이 드는 것 - 모양이 둥글고 굴곡이 없어야 함 - 당도는 11 이상이어야 함
단감 (5다이)	- 껍질 색깔이 주홍색이며, 표면에 상처나 진무름이 없는 것 - 클수록 상품이며 모양과 크기가 균일한 것 - 먹어서 떫은맛이 없어야 하며 육질에 부드러운 맛이 나야 함 - 과육은 단단하고 단맛이 높은 것 - 탄닌 성분이 적은 것 - 당도는 14 이상이어야 하며, 5다이의 개당 무게는 250g 이상이어야 함
밀감	- 신맛이 없어야 하며 수분이 많아야 함 - 껍질은 두껍지 않고 때깔이 좋으며 표면에 진무름이나 상처가 없는 것 - 색상이 부드럽고 윤기가 나는 것 - 개당 130g 이상이어야 하며 껍질과 알맹이가 들뜨지 않은 것 - 과즙이 많고 특유의 향기와 당도가 높은 것 - 품종이 조생종인 것 - 1box(15kg)에 90개 정도가 가장 좋다.
유자	- 색깔이 노랗고 껍질이 깨끗한 것 - 1개에 120g 이상이어야 함

머스크 메론	- 그물망이 치밀하고 꼭지가 마르지 않은 순종이어야 함 - 밑부분을 눌렀을 때 말랑말랑하고 겉 부분은 단단한 것 - 먹을 때 단맛과 향이 좋아야 하며 군내가 나서는 안 됨 - 너무 후숙이 되어 무르면 안 됨 - musk의 특품은 1,200g 이상이어야 하며 보통은 900g 이상이어야 함 - 겨울철에는 보통 800g 이상이면 됨
백설메론	- 색깔은 연노랑색이어야 하며 모양이 둥글둥글한 것 - 꼭지가 마르지 않고 겉 부분이 단단한 것 - 먹을 때 단맛과 향이 좋아야 하며, 군내가 나면 안 됨 - 너무 후숙이 되어 무르면 안 됨 - 특품은 개당 900g 이상, 보통은 600g 이상이어야 함
파인애플	- 품종은 대농을 기준하며, 큰 혹이나 밑의 굵은 줄기는 완전히 제거해야 함 - 색깔은 너무 파랗지 않고 약간 황갈색을 띠어야 함 - 너무 익어서 물렁물렁하면 안 되고 먹을 때 향과 단맛이 나야 함 - 개당 1kg 이상이어야 함 - 크기가 크고 신맛이 적으며 과피의 섬유질이 적은 것
복숭아	- 모양과 크기가 일정한 것 - 색상이 고르게 착색되고 신선한 것 - 핵(씨) 주위에 섬유질이 적고 과즙이 많은 것 - 특유의 향기가 나고 당도가 높은 것
포도	- 송이가 크고 알이 굵으며 크기가 균일한 것 - 송이가 밀착되고 색상이 진하고 신선한 것 - 과피는 얇고 당도가 높으며 과즙이 많은 것 - 고유의 향기가 있는 것
딸기	- 클수록 상품이며, 크기와 모양이 균일하고 통통하며 꼭지가 싱싱한 것 - 외피의 손상이 없고 씨가 파손되지 않은 것 - 짙은 색상과 특유의 향과 단맛이 강하고 과육이 단단한 것 - 표면이 너무 단단해도 좋지 않고 약간 단단하면서 독특한 맛과 향기가 강해야 함
수박	- 클수록 상품이며, 검은 줄무늬가 많고 진한 것 - 껍질이 얇고 꼭지가 마르지 않은 것 - 수분이 많고 당도가 높으며 씨가 적은 것 - 수박 특유의 검은 줄무늬가 뚜렷하며 빛깔이 진한 것 - 꼭지 부분의 잔털이 전혀 없거나 입김으로 불었을 때 날아가야 함

참외	- 골이 선명하고 노란색과 흰색이 뚜렷한 것 - 전체적으로 모양이 타원형인 것 - 당도가 높고 육질이 희고 아삭아삭한 맛이 있는 것 - 과피가 깨끗하고 윤기가 나는 것
바나나	- 외피가 깨끗하고 크기가 고르며 굵은 것 - 과육이 단단한 것 - 색상이 누르스름하며 외형이 짓무르지 않고 반듯한 것 - 껍질은 노란색을 띠고 검은 반점이 있어서는 안 됨
키위	- 털이 보숭보숭한 것 - 짙은 갈색과 푸른색이 섞인 것 - 약간 물렁한 감이 있는 것 - 절단면이 새파란 것 - 신맛이나 떫은맛이 없어야 함
밤	- 과실이 크고 당도가 높은 것 - 색깔이 진하고 윤기가 나는 것 - 단단하고 병충해가 없는 것 - 크기가 균일한 것
대추	- 색상이 선명하고 건조 상태가 좋은 것 - 단단하고 당도가 높은 것 - 크기가 균일하고 윤기가 나는 것
잣	- 알 크기가 균일하고 통통한 것 - 색상이 곱고 건조 상태가 양호한 것 - 절은 냄새가 없고 외관의 손상이 없는 것

5) 수산물류·패류

품목	감별법
고등어	- 몸 전체가 무지갯빛과 광택이 나는 것 - 살이 탄력 있고 단단한 것 - 눈동자가 뚜렷하고 아가미가 밝은 선홍색일 것
낙지	- 미끈거림이 강한 것 - 발을 제대로 갖추고 있고 빨판이 손상되지 않은 것 - 색상이 담황색인 것

동태	- 눈동자가 튀어나온 것 - 살이 단단하고 아가미가 신선한 것 - 배가 하얀색이며 등에 광택이 있는 것 - 꼬리와 지느러미가 손상되지 않은 것
오징어	- 몸통이 진한 갈색과 붉은색을 내는 것 - 살이 탄력 있고, 특유의 미끈거림과 광택이 나는 것 - 발 중앙에 있는 눈이 무르지 않은 것
갈치	- 특유의 은빛 비늘로 광택이 나는 것 - 살에 탄력이 있고 몸 전체가 두터운 것 - 등쪽이 약간 검정색인 것 - 은백색으로 빳빳한 것
삼치	- 몸에 탄력이 있고 회청색으로 윤기가 나는 것 - 눈동자가 뚜렷하고 아가미 색이 진홍색인 것 - 몸 전체가 곧고 단단한 것 - 껍질이 벗겨지지 않고 상처가 없어야 함
가자미	- 배쪽은 희고, 등은 진한 고동색인 것 - 살이 단단하고 탄력이 있는 것 - 끈적임이 많고 광택이 나는 것
청어	- 비늘이 치밀한 것 - 살이 단단하고 통통한 것 - 광택이 많은 것
조기	- 비늘이 일정하게 치밀한 것 - 정수리 부분에 다이아몬드 모양이 있는 것 - 약간 황색빛을 띠고 배쪽은 흰색으로 살에 탄력이 있는 것 - 신선한 상태로 살이 많아야 함 - 노란색 물감을 칠했는지 확인하여야 함
대구	- 입이 크고 몸집은 담회갈색이고 배는 담백색일 것 - 몸이 미끈거리고 갈색 무늬가 있는 것 - 살의 탄력이 좋으며 배 쪽이 단단해야 함 - 껍질 부분이 벗겨지지 않고 상처가 있어서는 안 됨
병어	- 은백색 비늘로 덮여 있고 광택이 있는 것 - 살이 단단하고 두터운 것

구분	내용
꽁치	- 치밀한 은빛 비늘로 광택이 있는 것 - 살이 단단하고 탄력이 있는 것 - 꼬리 쪽 부분에 누런 빛이 나고 손상되지 않은 것 - 눈이 선명한 것
참치	- 특유의 색상이 고운 것 - 절단 부위가 깨끗한 것 - 살이 탄력 있는 것
미꾸라지	- 살찌고 미끈거림이 많은 것 - 살아 있는 것
멸치	- 크기가 균일한 것 - 모양이 반듯하고 절은 냄새가 없을 것 - 변색되지 않고 색깔이 회백색으로 깨끗할 것
북어	- 건조 상태가 양호할 것 - 크기가 균일할 것 - 냄새가 없을 것 - 색깔이 회백색으로 깨끗한 것
굴비	- 모양이 반듯하고 머리와 꼬리가 손상되지 않은 것 - 비늘이 치밀하게 있을 것 - 염도가 알맞으며 살이 탄력 있고 단단한 것 - 건조 상태가 알맞은 것
양미리	- 알을 가지고 있는 것 - 크기가 균일하고 냄새가 없는 것 - 살이 통통하고 건조 상태가 좋은 것
건어물	- 건조도가 좋으며 냄새가 없는 것 - 흙, 먼지, 모래 등 이물질의 부착이 없는 것 - 아가미 안쪽이나 눈 주위에 부패가 없는 것 - 모양이 반듯한 것
생굴	- 유백색으로 탄력 있고 통통한 것 - 크기는 작은 것이 좋고, 특유의 향이 짙은 것 - 손으로 눌렀을 때 금방 오그라드는 것 - 크기가 균일하고 모양이 또렷한 것
조개류	- 껍데기가 두껍지 않은 것 - 물기를 머금고 있을 것 - 입을 꽉 다문 것이나 입이 열린 것은 죽은 것임 - 부패 냄새가 없는 것

새우	- 머리와 꼬리 부분이 손상되지 않은 것 - 껍질이 윤택하고 모양이 제대로 갖추어진 것 - 수염이 늘어지지 않고 표면이 건조하지 않은 것
꽃게	- 발을 다 갖추고 있는 것 - 변질 냄새가 없는 신선한 것 - 살이 꽉 찬 것 - 크기는 크고 일정해야 함 - 등 부분은 청록색이며 배 부분은 백색이 선명해야 함
홍합	- 검정 색으로 윤기가 많이 나는 것 - 껍데기가 파손되지 않은 것 - 이물질이 많이 붙어 있지 않은 것

6) 해조류

품목	감별법
미역	- 줄기가 가늘고 잎이 넓은 것 - 촉감이 부드럽고 진한 녹색으로 검은색을 띠며 윤기가 있는 것 - 물에 조각조각 풀어지지 않는 것 - 미역발이 잘게 붙어 있는 것
김	- 광택과 특유의 향이 진한 것 - 구웠을 때 청록색을 내는 것 - 건조 상태가 좋고 이물질이 없는 것 - 두께가 얇고 균일한 것
파래	- 엽록소를 가지고 있어 색상이 푸르고 광택이 있는 것 - 이물질이 없고 건조 상태가 좋은 것
다시마	- 흑색에 약간 녹갈색인 것 - 잎이 넓고 두꺼운 것 - 불렸을 때 미끈거림이 많고 광택이 나는 것 - 흰 염분이 피어 있지 않은 것

7) 젓갈류

품목	감별법
새우젓	- 불순물이 없고 냄새가 좋은 것 - 깨끗하고 살이 분홍색으로 곱고 통통한 것 - 젓 국물이 뽀얗고 염도가 알맞은 것 - 새우의 크기가 균일한 것
멸치젓	- 불순물이 없고 이상한 냄새가 나지 않는 것 - 염도가 알맞은 것 - 멸치의 크기가 고른 것
명란젓	- 염도가 알맞은 것 - 빛깔이 고우며 모양이 터지지 않고 반듯한 것 - 숙성 상태가 깨끗하고 맑은 것
오징어젓	- 염도가 알맞고 잘 숙성된 것 - 절여진 상태에서 살이 탄력 있고 도톰한 것 - 빛깔이 신선해 보이는 것
조개젓	- 껍데기가 섞이지 않은 것 - 국물이 거의 없고 밝은색으로 조개 비린내가 심하지 않은 것 - 크기가 균일하고 통통한 것

8) 육류

품목	감별법
쇠고기	- 살코기 80%에 지방 20% 정도로 대리석 무늬 형태로 지방이 섞인 것이 좋음 - 조직이 탄력 있고 어린 소의 육질이 좋음 - 선홍색이고 윤기가 나는 것 - 지방의 색상은 흰 것이 좋음 - 조직감이 곱고 섬세한 것 - 지방이 살 속에 고루 박혀 있어야 함 - 고기의 결이 거칠지 않아야 함

돼지고기	- 절단면 및 살코기 표면에 변색이나 검붉은 부분이 없어야 함 - 지방이 산화로 인해 변색되지 않은 것 - 지방 변질 냄새가 나지 않는 것 - 지방이 백색이고 광택과 탄력성, 끈기가 좋은 것 - 육색은 담회홍색이며 선명한 것 - 조직감이 좋은 것 - 살코기에 흠이 있거나 손상되지 말아야 함
닭고기	- 1.5kg 정도의 크기가 알맞음 - 머리, 발목, 내장이 제거된 것 - 색상이 연분홍색으로 탄력 있고 신선한 것 - 모이주머니가 제거되고 항문은 완전히 절개되어야 함 - 껍질이 제대로 붙어 있어야 함

9) 기타

품목	감별법
통조림	- 외관이 부풀지 않은 것 - 외관이 찌그러지거나 녹슬지 않은 것 - 내용물의 제조일자와 유효기간이 명시되어 있는 것 - 캔의 내면이 변색되어 있지 않은 것 - 표면 뚜껑에 각인을 확인할 것 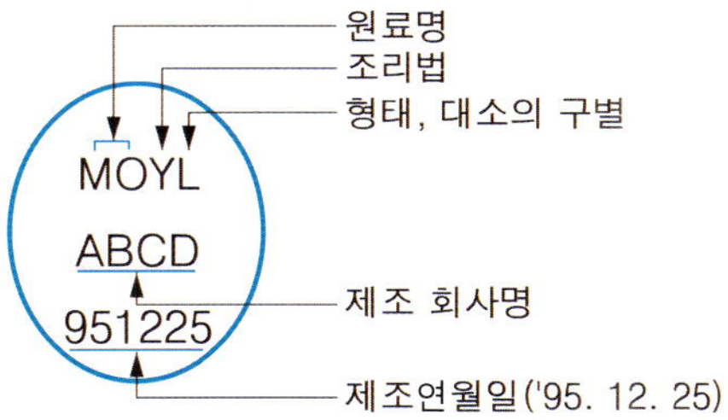
빵	- 외부가 균일하고 특유의 색상으로 잘 구워진 것 - 절단면에 균일한 작은 기포가 많고 탄력이 있는 것 - 독특한 향기가 있는 것 - 표면이 곱고 잘 부풀은 것 - 감촉이 거칠거나 끈끈하고 쉰 냄새와 곰팡이 냄새가 없을 것

난류 (달걀)	- 표면이 거칠거칠하고 광택이 없는 것 - 색상이 투명하고 맑은 것 - 혀를 대었을 때 둥근 쪽은 따뜻하고 뾰족한 쪽은 찬 것 - 흔들었을 때 물소리가 나지 않는 것 - 표면에 금이 없고 무거운 것 - 6%의 식염수에 담구었을 때 가라앉는 것 - 난황과 난백이 뚜렷하고 난백의 점도가 높은 것
두부	- 표면에 약간의 콩 유분기가 돌며, 색상이 누르스름한 것 - 고소한 냄새가 나는 것 - 단단하고 모양이 반듯한 것 - 쉰 냄새가 없는 것
분유	- 입자가 곱고 균일할 것 - 풍미가 좋고 건조 상태가 좋을 것 - 광택이 있고 담크림 색상을 내는 것 - 온수에 잘 녹고 지방이 분리되지 않는 것 - 침전물이 없는 것
우유	- 약간 누런색으로 유백색을 띠는 것 - 독특한 향기가 나는 것 - 물속에서 구름과 같이 퍼지면서 내려가는 것 - 이상한 냄새가 없고 응고되지 않은 것 - 농도가 너무 묽지 않은 것
버터	- 조직이 양호하고 입안에서의 감촉이 좋으며 풍미가 있는 것 - 신맛, 쓴맛 등 변질된 냄새가 없는 것 - 반점이 생겼거나 지방이 분리되지 않은 것 - 곰팡이가 없는 것
치즈	- 특유의 향과 풍미를 가진 것 - 건조되지 않고 이물질이 없는 것

Part

09

저장관리

1. 저장관리의 개념
2. 저장관리의 목적
3. 저장방법의 기본 원칙
4. 저장 시설 관리
5. 저장 방법의 종류
6. 연간 식품 저장 계획
   및 계절 식품

09 저장관리

1. 저장관리의 개념

저장관리란 물품의 손실을 줄이고 최상의 품질을 유지하기 위하여 사용 시기까지 최적의 조건에 맞추어 물품을 효율적으로 보관 및 관리하는 것을 말한다. 발주한 물품의 검수 절차가 끝나면 당일 사용할 것과 보관해야 할 것으로 구분한 후, 저장하는 물품은 종류별 규격별 용도별로 각각의 특수성을 감안하여 정리 · 보관한다. 식재료의 경우 실온 저장용 식품, 냉장 저장용 식품, 냉동 저장용 식품으로 구분하여 분류한 후 각 식품의 적절한 온도나 습도 등을 고려하여 저장관리 한다.

2. 저장관리의 목적

저장관리는 적절한 저장 시설을 이용하여 보관 물품의 손실이나 부패를 막고 도난을 예방하여 자산을 보호하는 데 그 목적이 있다.

급식소에서의 물품 저장은 식재료를 구입하여 사용할 때까지 영양적 손실을 막고 해충에 의한 식품의 오염이나 손실이 발생하지 않도록 위생적으로 관리해야 한다. 저장관리의 목적을 요약하면 다음과 같다.

① 부패나 변패에 의한 식품의 손실 방지
② 품질의 저하나 영양적 손실 방지
③ 위생적 위해 사고 방지
④ 물품의 분류에 의한 체계적 보관

⑤ 원활한 입고와 출고 업무 가능

⑥ 자산의 보호

3. 저장 방법의 기본 원칙

1) 물품의 저장 위치를 명시해 둔다.

포장 상자나 용기 표면에 품목 명시표나 꼬리표 등 일련번호를 매겨 위치를 선별하여 정리하여 두면, 필요할 때 쉽게 찾을 수 있어 편리할 뿐만 아니라 재고조사 시에도 효율적이다.

2) 적정 공간을 유지한다.

식품과 식품 사이에 적절한 공간을 유지하여 품질에 이상이 생기지 않도록 주의하고, 품목별로 구분하여 온도, 습도, 해충의 영향을 받지 않도록 한다.

3) 물품의 특수성을 고려하여 저장한다.

식품의 종류에 따라 냄새나 습기를 발하는 식품과 흡수하는 식품으로 구분하여 서로 다른 식품에 나쁜 영향을 주는 것을 방지한다.

4) 가급적이면 선입선출의 원칙을 지킨다.

식재료의 경우 식품의 신선도를 유지하기 위하여 먼저 입고된 식품부터 사용하는 것을 원칙으로 하고, 이를 원활하게 하기 위해 물품 적재 시 먼저 입고된 식품을 쉽게 출고할 수 있는 위치에 보관한다.

5) 물품 입출고 장부를 꼭 기록한다.

매회 물품이 입고 · 출고될 때마다 기록하여 실제 재고량과 문서상 재고량을 일치시키고 재고 현황과 사용량을 항상 파악할 수 있게 한다.

4. 저장 시설 관리

저장 시설은 검수 단계를 마친 물품이 사용될 때까지 보관되는 장소로, 각 물품의 사용 시기와 특수성에 따라 적당한 온도와 습도가 유지되고 채광이 좋고, 환기 및 방충 시설을 갖추고 청결하게 관리되어야 한다. 일반적으로 식품 저장고로는 주로 건조 식품을 저장하는 실온 저장 시설, 냉장 저장실, 냉동 저장실 등이 있다.

1) 저장 시설의 기능

저장 시설은 적량의 물품을 유지하고 품질을 최상의 상태로 보존하여 부패와 변질 등 손실을 최소화하기 위하여 최적의 조건을 갖추어 보관한다. 저장 시설의 일반적인 기능으로는 물품의 수령과 보관 및 운송의 역할을 하며, 일상적으로 필요로 하는 요청을 충족시키고 최소 면적으로 관리하여 구매를 효율적으로 수행할 수 있게 한다.

2) 저장 시설의 구비 조건

(1) 저장 시설의 위치

식품은 신선도 유지뿐만 아니라 운반 노동력과 물품 도난 위험 감소를 위해 반입 처리장과 저장고 간의 거리는 가까울수록 좋다. 따라서 저장 시설과 식품 사용 장소는 근접 거리에 위치하는 것을 원칙으로 한다. 다만, 이러한 조건이 불가피할 경우에는 사용 장소에 간이 냉장 · 냉동 또는 적재 보관 시설을 갖추어 항시 적온의 조건을 유지하도록 한다. 식품을 저장하는 창고의 위치는 취급하는 품목의 종류나 수량, 입고와 출고 횟수 등에 따라 달라진다.

(2) 위생성

모든 저장 시설은 곤충이나 벌레, 박테리아, 곰팡이 등과 같은 유해물질이 혼입되지 않도록 구충 및 구서 시설을 해야 하며, 외부로부터 오염이 되지 않도록 위생적으로 관리되어야 한다. 또한, 물품 보관 시 필요한 습도나 온도를 적절히 통제할 수 있도록 각종 기계 설비와 함께 정기 점검이 이루어져야 한다.

(3) 안전성

모든 식품은 선반이나 받침대에 질서정연하게 잘 정돈되어 있어야 하고, 식품의 수불 업무를 용이하게 하기 위하여 적정 공간 확보가 필요하다. 또한, 운반에 필요한 손수레, 바구니, 사다리 등의 도구와 비상시를 대비하여 소화기, 안전장치 시설 등을 사용하기 편리한 장소에 비치하여야 한다.

(4) 보안성

저장고의 보관된 식품의 분실을 방지하기 위하여 식품 수불 내역을 반드시 기록하여야 하며, 보관고의 열쇠관리 및 식품 입출고 담당자 외의 외부인 무단 출입금지 등 입・출고 절차에 대한 규정이 체계적으로 수립 및 수행되어야 한다.

3) 저장 시설의 종류

저장 시설은 일반 물품을 저장하는 일반 창고와 식재료를 보관하는 식재료 창고로 분류할 수 있는데, 식재료 창고의 경우에는 저장되는 식품의 특수성에 따라 냉장 저장실, 냉동 저장실, 실온(건조) 저장실로 나눈다.

(1) 냉장 저장실

냉장 저장실은 주로 육류나 어류의 일시적인 저장이나 우유나 유제품, 채소와 과일류 등의 보관에 이용되는데, 식품이 사용되기까지 적절한 품질을 유지하고 영양적 손실을 최소화하는데 그 목적이 있다. 냉장 저장실 종류로는 소규모인 리치인

(Reach-in refrigerator)과 대규모인 워크인(Walk-in refrigerator), 그리고 앞뒤에 문이 있는 패스 스로우(Pass-through refrigerator) 등이 있다. 냉장 시설에 저장되어 있는 식품은 미생물의 성장은 지연되나 이미 식품 내 존재하는 미생물은 사멸되지 않으므로 냉장 저장실의 관리 시 다음의 사항을 유의하여야 한다.

① 과다 보관을 피할 것 : 내부 찬 공기의 원활한 순환을 위하여 보관 용량은 70%를 초과하지 않도록 한다.

② 공간 확보를 유지할 것 : 식품과 식품 사이에 적당한 공간을 유지하여 찬 공기가 식품에 고르게 접촉되도록 한다.

③ 적정 수분함량 : 식품 자체의 수분이 증발되어 건조해지기 때문에 적정 수분함량이 필요하다.

④ 적정 습도 유지 : 식품 보관에 필요한 70~95%의 적정 습도가 유지되어야 식품의 건조, 변색, 수축 등의 변질을 막을 수 있다.

식품	상대습도(%)	식품	상대습도(%)
육류	75~85	과일 및 채소류	85~95
유제품류	75~85	일반 식품류	75~85

[표 9-1] 냉장보관 식품과 적정 상대습도

⑤ 냉장 식품 보관 최적 온도 : 식육은 0~3℃, 채소 · 과실류는 4~7℃ · 7~10℃, 어패류 · 닭고기는 0~3℃, 우유 · 유제품은 3~4℃ 등이다.

식품	온도(℃)	식품	온도(℃)
육류	0~3	과일 및 채소류	6~9
유제품류	3~4	일반 식품류	2~6

[표 9-2] 냉장 보관 식품과 적정 상대습도

⑥ 냉장고 위치별 온도 : 냉장 문쪽, 냉장 채소 칸, 냉장 안쪽 순으로 온도가 낮으므로 식품 보관 시 유의한다.

⑦ 교차오염 방지 : 냉장실 내에 보관된 식품 간의 교차오염 방지를 위해, 익힌 음식과 채소 · 가공 식품은 상단에, 날 음식과 생선 및 육류는 하단에 보관한다.

⑧ 온도계 설치 : 냉장 저장실 내부 온도를 외부에서 확인할 수 있도록 온도계와 점검표를 비치하고 매일 기록한다.

(2) 냉동 저장실

냉동 저장실은 주로 육류나 어류 등의 식품을 장기간 보관 시에 사용되며, 적절한 온도는 -18℃ 이하이다. 그러나 지나치게 장기간 보관할 경우 냉동에 대한 피해나 탈수, 오염, 품질 저하 등이 발생할 수 있으므로 주의해야 한다. 냉동 저장실의 관리 시 유의사항은 다음과 같다.

① 최적 온도 유지 : 냉동 온도 -18℃ 이하를 유지한다.
② 밀봉 상태 포장 보관 : 각 식품마다 밀봉 포장한다.
③ 공기 순환 배열 : 찬 공기가 위아래로 원활하게 순환될 수 있도록 일정 공간을 두고 배열한다.
④ 안전관리 : 냉동실의 저온 상태를 유지하기 위한 내부와 개폐문 장치가 안전사고를 유발할 수 있으므로 주의하여야 한다.

(3) 건조 저장실

건조 저장실은 곡류나 건조식품 및 캔과 같은 가공식품 등을 보관하는 곳으로 해충이나 미생물의 침입이 쉽기 때문에 벽이나 천정, 벽 틈새 등을 수시로 확인하고 방충망을 설치해야 한다. 건조 저장실의 관리 시 주의할 점은 다음과 같다.

① 적정 습도를 유지할 것 : 바닥으로부터의 습기를 주의하고, 적정 습도는 50%~60%를 유지한다.
② 일정한 온도 조건 : 건조 창고의 적정 온도는 10℃~24℃가 저장식품의 저장 기간을 높여준다.
③ 조명장치 설비 : 직사광선은 피하고 창고 안 조명은 너무 밝지 않은 것이 좋다.
④ 식품 보관 선반 : 벽과 바닥으로부터 15cm 이상 거리를 둔다.
⑤ 통풍 상태 설비 : 건조 창고의 가장 중요한 설비로써 해충이나 식품의 변질을 예방할 수 있어야 한다.

⑥ 분할 보관식품 : 대용량 식품을 나누어 보관하는 경우 식품명과 유통기한을 반드시 표시한다.

⑦ 기타 물품의 보관 : 식품 보관 창고의 경우, 세제나 소독제 등이 같은 장소에 보관되지 않도록 하며, 식품과 비식품(소모품)은 구분하여 보관한다.

5. 저장 방법의 종류

1) 물리적 처리에 의한 방법 저장 방법의 종류

건조법, 냉장 · 냉동법, 가열살균법, 조사살균법

물리적 처리에 의한 방법	
건조법 (탈수법)	식품 속의 수분을 15% 이하로 만들어 세균의 번식을 억제하는 방법, 무게가 가벼워 수송이나 보관이 용이함. - 일광건조법 : 어류, 패류, 김, 오징어, 시레기, 무말랭이, 가지 · 호박 말림, 토란대 - 직화건조법 : 찻잎 - 동결건조법 : 한천, 당면, 황태 - 분무건조법 : 분유 - 진공 동결건조법 : 건조 채소
냉장 · 냉동법	온도를 10℃ 이하로 유지하면 세균의 활동이 둔해지고 증식이 억제됨 얼리면 수분을 얻지 못해 번식하기 어려움. - 움저장(10℃ 정도에서 저장) : 감자, 고구마, 채소 - 냉장(0℃~4℃) : 채소, 과일, 육류 - 냉동(-20℃ 저온) : 어패류
가열살균법	가열로 식품에 붙어 있는 미생물을 죽이거나 효소를 파괴시킨 후 다시 미생물이 침입하지 않도록 밀봉하는 방법 - 저온살균법(61℃~65℃) : 저온에서 30분간 가열 후 급랭. 우유, 주스, 술, 소스 - 초고온 순간살균법(130℃~140℃) : 2초간 가열 후 급랭. 우유, 과즙 - 고온 단시간살균법(70℃~75℃) : 20초 내에 가열 후 급랭. 우유, 과즙 - 초음파 가열살균법(초음파로 단시간 처리)
조사살균법	자외선이나 방사선을 이용하여 미생물을 사멸하는 방법 곡류, 축산물, 청과물 등에 이용

[표 9-3] 물리적 처리에 의한 방법

2) 세균학적 처리에 의한 방법

세균 효모 이용법, 곰팡이의 응용법

세균학 처리에 의한 방법	
세균 효모 이용법	식품에 유용한 미생물을 번식시켜 유해 미생물의 번식을 억제시키는 것 치즈, 주류, 발효식품, 절임식품
곰팡이의 응용법	식품에 특정한 곰팡이를 발효시켜 유해 미생물의 번식을 저해시키는 것. 치즈

[표 9-4] 세균학 처리에 의한 방법

3) 화학적 처리에 의한 방법

소금이나 당 및 산 등으로 세균의 발육 및 증식을 억제하여 식품을 장기간 저장하는 방법이다.

세균학 처리에 의한 방법	
염장법	10% 정도의 소금의 농도로 절여서 세균의 발육을 억제하는 것 해산물, 채소, 육류
당장법	진한 설탕액(50%)에 담그는 방법. 젤리, 마말레이드, 잼
산저장	초산, 젓산, 구연산 등을 이용하여 식품을 저장하는 방법
화학물질 첨가	화학물질을 이용하여 미생물을 살균하고 발육을 저지하여 작용을 억제 시키는 방법

[표 9-5] 화학적 처리에 의한 방법

4) 기타

훈연법, 염건법, 조미법, 밀봉법, 가스저장법

종합적 처리에 의한 방법	
훈연법	훈제를 불완전히 연소시켜 저장하는 방법, 연기로 그슬려 병원미생물의 발육을 억제하고 건조도 함. 육류, 어류
염건법	소금을 첨가한 다음 건조시켜 보존하는 방법. 어패류
조미법	소금이나 설탕을 첨가하여 가열 처리한 조미 가공품. 과일, 견과류, 정과류
밀봉법	원료 조제 후 용기에 담아 공기를 빼고 밀봉한 후, 살균 냉각시킴, 어육류 통조림, 과일 통조림
가스 저장법	식물성 식품의 효율작용 억제와 동물성 식품의 세균 번식 억제 방법. 각종 동식물 제품

[표 9-6] 종합적 처리에 의한 방법

6. 연간 식품 저장 계획 및 계절 식품

월별	건조	젓갈	장 담그기	술 담그기	장아찌			
					간장	된장 · 고추장	소금	식초
1	명태 민어 대구	어리굴젓 명란젓 창란젓	청국장	귤주				
2			간장 고추장 메주 쑤기			두부장아찌		
3	육포 어포 김부각	꼴뚜기젓 곤쟁이젓 어리굴젓 뱅어젓	된장 간장					
4	쑥취 고사리 고비 가죽나무순	조개젓 황석어젓 대합젓 홍합젓	고추장 막장	살구주 진달래주		더덕장아찌 마늘쫑장아찌		마늘쫑장아찌 마늘잎장아찌

5	굴비 더덕 도라지 김부각	멸치젓 조기젓 소라젓 준치젓		매화주 딸기주	꽃게장	더덕장아찌		마늘장아찌 양파장아찌
6	미숫가루 멸치	갈치젓 새우젓 오징어젓		매실주	풋고추 장아찌 홍합 장아찌	매실장아찌 고기장아찌		양파피클
7	감자 깻잎부각 어란	곤쟁이젓			깻잎 장아찌	고추장아찌 오이장아찌 감장아찌	오이지	오이피클
8	애호박 풋고추부각 민어	오징어젓 대합젓		포도주 복숭아주	풋고추장 아찌	가지장아찌 오이장아찌 참외장아찌 양파장아찌		
9	가지, 무, 호박, 고구마, 고구마순 고춧잎			국화주 포도주 머루주 인삼주			송이버섯 장아찌	
10	토란대 곶감 표고버섯, 황률	오징어젓 대구모젓			무장아찌 고춧잎 장아찌 송이 장아찌		짠지 단무지 동치미	
11	무청 무말랭이	전복젓 명란젓 창란젓			참게장	묵장아찌	김장	
12	육포 어포	굴젓	청국장 메주쑤기			홍합장아찌		

[표 9-7] 연간 식품 저장 계획

	채소류	과일류	어패류
1월	우엉, 연근, 당근	귤, 레몬	굴, 문어, 대구, 명태, 도미, 옥돔, 아귀, 개조개, 가자미
2월	쑥갓, 시금치, 고비, 봄동, 참취, 순무, 양파, 달래	사과, 귤, 레몬	청각, 다시마, 파래, 전복, 굴, 꼬막, 홍어, 홍합
3월	봄동, 돌미나리, 달래, 냉이, 씀바귀, 고들빼기, 쑥, 땅두릅, 원추리, 고사리	딸기, 금귤	물미역, 톳, 굴, 바지락, 대합, 모시조개, 피조개, 도미, 꼬막
4월	양상추, 껍질콩, 머위, 죽순, 취, 쑥, 상추, 봄동, 두릅	딸기	도미, 조기, 뱅어포, 병어, 키조개, 갈치, 고등어, 꽃게, 주꾸미
5월	양배추, 고구마순, 완두, 미나리, 참취, 도라지, 상추, 양파, 마늘, 더덕	딸기, 앵두	멍게, 참치, 고등어, 홍어, 넙치, 오징어, 잔새우, 멸치, 준치
6월	샐러리, 껍질콩, 오이, 청둥호박, 양파, 근대, 부추	토마토	흑돔, 전복, 민어, 병어, 준치, 삼치, 전갱이, 오징어, 바닷가재
7월	부추, 양상추, 가지, 피망, 호박, 노각, 열무	수박, 딸기, 참외, 산딸기, 자두, 아보카도	장어, 홍어, 농어, 오징어, 병어
8월	오이, 풋고추, 열무, 양배추, 감자, 고구마순, 옥수수	멜론, 복숭아, 포도, 수박	전복, 성게, 잉어, 장어, 전갱이
9월	고구마, 풋콩, 토란, 느타리버섯, 당근, 붉은고추, 감자, 표고	배, 사과, 포도,국화, 인삼	해파리
10월	송이, 고추, 팥, 무, 느타리버섯, 양송이, 고들빼기	사과, 감, 밤, 대추, 유자, 오미자, 모과	꽁치, 고등어, 청어, 갈치, 연어, 대하, 홍합
11월	브로콜리, 배추, 무, 연근, 당근, 우엉, 파, 늙은 호박	배, 사과, 귤, 키위, 은행, 유자	옥돔, 방어, 연어, 참치, 참돔, 대구, 성게, 오징어
12월	컬리플라워, 산마	딸기	굴, 게, 방어, 넙치, 복어, 문어, 맛살조개, 가자미, 낙지, 미역, 주꾸미, 가오리, 꼬막

출처: 농림수산식품부 · 한식재단(2010). 『한식 상차림 가이드』

Part

10

재고관리

1. 재고관리의 개념
2. 재고관리의 유형
3. 재고관리의 기법
4. 재고 회전율
5. 재고 자산 평가

10 재고관리

1. 재고관리의 개념

재고(inventory)는 불확실한 수요와 공급을 만족시키기 위하여 창고에 보관하는 물품을 말하며, 재고관리란 필요 물품의 수요 발생 시 신속하고 경제적으로 대응할 수 있도록 재고를 최적의 상태로 관리하는 절차를 의미한다. 재고 수준은 공급의 변화, 저장 시설, 회전율, 식재료 수송 방법 등을 고려하여 결정한다.

재고관리는 발주량, 발주 시기, 적정 재고 수준을 결정하고 수행하는 모든 제반 과정을 포함하며, 기록 양식에는 구매 단가, 발주 비용, 보관 및 유지 비용, 재고 품질 변화에 따른 손실 비용 등을 포함한다.

1) 재고관리의 중요성

① 물품 부족으로 인한 생산 계획의 차질을 방지한다.
② 적정 재고 수준을 유지함으로 재고관리의 유지비용을 감소시킬 수 있다.
③ 최소의 가격으로 최상 품질의 품목을 구매한다.
④ 정확한 재고 수량을 파악하여 적정 주문량 결정을 통해 구매 비용을 절감한다.
⑤ 도난과 부주의 및 부패에 의한 손실을 최소화할 수 있다.
⑥ 경제적인 재고관리로 원가 절감 및 관리의 효율화를 제고한다.

재고관리에 관련된 부서에는 생산부서, 구매부서 및 원가관리부서 등이 있다.

2) 재고관리의 기능

① 실제 물량과 예측 물량 간의 차이를 제공한다.
② 재고 보충 시기를 결정한다.
③ 재고 투자를 최소화한다.
④ 재무보고서에 따른 재고량을 파악한다.
⑤ 물품에 대한 품질 유지 및 안정성을 확보한다.
⑥ 물품 용도 및 사용 빈도를 파악할 수 있다.

3) 재고관리의 원칙

① 현물과 재고 품목의 수량이 일치해야 한다.
② 적정 재고 수준을 유지해야 한다.
③ 점포의 수익을 향상시킬 수 있어야 한다.
④ 수시 및 정기적으로 실시해야 한다.
⑤ 관련 서류를 비치해야 한다.

4) 식재료 재고관리

식재료의 재고관리에 있어 자산의 손실을 막고 필요할 경우 즉시 사용을 위하여 좋은 상태의 품질을 유지할 뿐만 아니라 위생적인 관리가 매우 중요하므로 이에 적절한 관리 기준이 있어야 한다. 식재료의 재고관리 기준으로는 공급 업체를 기준으로 하는 공급 업체 관리 기준과 식재료의 품질을 기준으로 하는 품질 기준이 있다.

(1) 공급 업체 관리 기준

규격서에 언급된 식자재 구매, 발주 절차에 따라 구매가 체계적으로 이루어져야 한다. 물품의 공급 업체는 규격서에 명시된 품질 규격에 따라 식자재를 공급할 능력이 있다고 판단되는 공급 업체이어야 하며, 검수 완료된 식자재의 적절한 보관 기준이 설정되어야 한다.

(2) 품질 기준

구매되는 식자재에 대한 문서화된 식자재 규격서가 작성되어야 하며, 규격서에는 식품위생법에 근거한 품질 규격이 명시되어 있어야 한다. 공급 업체에 대한 위생관리 상태 및 품질관리 수준을 확인하고, 규정 및 절차가 수행되고 있는지 정기적인 점검이 이루어져야 한다.

2. 재고관리의 유형

재고관리는 조사 및 기록 방법에 따라 영구 재고 시스템과 실사 재고 시스템의 두 가지 방법으로 분류할 수 있는데, 이 두 재고 시스템을 병행하여 상호 보완적으로 적정 재고관리에 활용하면 이상적이다.

재고조사는 물품관리자, 저장고 책임자 혹은 관련 부서의 입회하에 실시되며, 이는 물품의 자산적 가치로 원가관리에 반영된다. 재고 물품이 청구서에 의해서 출고될 때 원가는 매출 원가로 비용화되며, 영구와 실사 재고 방법에 의해서 조사되고 기록화된다.

1) 영구 재고 시스템(perpetual inventory system)

영구 재고 시스템은 물품의 입고 수량과 출고 수량을 지속적으로 기록함으로써 남아 있는 물품의 목록과 수량을 파악하여 적정 재고량을 유지하게 하는 방법이다.

영구 재고 시스템은 일반적으로 재고 물량이 많은 대규모 조직 업체에서 건조 물품 및 냉동 저장고에 보유되는 물품의 관리나 고가의 품목에 많이 활용된다. 이 시스템은 보통 입출고·재고 기록을 나타내는 품목별 카드를 작성하며, 물품의 고유번호, 품목명, 상호명, 날짜, 중량 및 수량 등을 기재한다.

영구 재고 시스템은 필요 시 적절한 재고량 유지에 필요한 정보를 알 수 있는 장점이 있으나, 경비가 많이 들고 노동력이 필요할 뿐만 아니라 수작업으로 진행할 경우 오차가 생길 수 있다는 단점이 있다.

2) 실사 재고 시스템(physical inventory system)

재고 실사법이라고도 하며, 이 방법은 창고에 보유하고 있는 물품의 수량과 목록을 주기적으로 확인하여 기록하는 방법이다.

실사를 위한 재고관리에는 물품 확인과 기록 업무를 위해서 일반적으로 두 사람이 필요하며, 특히 실제 재고량과 영구 재고 시스템에서의 재고기록대장 간의 상호 비교 및 확인 작업을 통해서 물품의 도난, 입 · 출고 현황을 파악할 수 있다.

실사 재고 기록지에는 물품 보유량, 품목의 단위, 이름, 형태, 단가 등이 기록되며, 보유하고 있는 각 재고들의 자산적 화폐 가치를 결정하기 위해 단위당 단가와 보유량을 이용하여 재고액을 평가하게 된다.

효율적인 실사 재고 시스템의 관리가 이루어지기 위해서는 저장 창고별로 품목의 위치를 순서대로 정렬하고, 이 저장 순서에 따라 품목명을 기록하여 시간 절약을 한다. 또한, 실사전 품목의 가격을 미리 기록하고, 특히 냉동 저장 물품은 꼬리표를 달아서 입고하도록 한다.

유형	영구 재고 시스템	실사 재고 시스템
장점	- 적절한 재고량 유지에 관한 정보를 제공 - 특정 시점에서의 재고량과 재고 자산을 쉽게 파악 - 재고관리의 효율적인 통제에 용이	사용한 품목비의 산출에 필요한 정보를 제공 (재고 자산의 총가치를 평가)
단점	- 경비가 많이 소요됨 - 기록 체계의 정확성에 문제가 발생 (수작업 기록 체계에 의한 부주의)	- 많은 시간이 소요됨 - 신속하지 못함 - 가끔 부정확하게 재고량이 파악됨

[표 10-1] 영구 및 실사 재고 시스템의 장 · 단점 및 특징

제품 재고 현황

결재	담 당	이 사	사 장

년 월 일 요일

업체명	품명	재고량(kg)	제조일	유통기한	입고량(kg)	출고량(kg)	현재고량(kg)	단가	금액	부가세	총액	비고

[그림 10-1] 제품 재고 현황 기록지

제품 재고 현황

년 월 일 재고 (단위: kg)

제품명	전월재고	1일		2일		3일		4일		5일		6일		7일		8일		9일		10일		11일		12일		13일		14일		15일		16일		17일		18일		19일		20일		21일		22일		23일		24일		25일		26일		27일		28일		29일		30일		31일		현재고
		입고	출고	입고	출고	입고	출고	입고	출고	입고	출고	입고	출고	입고	출고	입고	출고	입고	출고	입고	출고	입고	출고	입고	출고	입고	출고	입고	출고	입고	출고	입고	출고	입고	출고	입고	출고	입고	출고	입고	출고	입고	출고	입고	출고	입고	출고	입고	출고	입고	출고	입고	출고	입고	출고	입고	출고	입고	출고	입고	출고	입고	출고	
겨자소스	16																																																													16
닭강정소스	88		6		16																																																							66
데미그라스소스(1kg)	59				3																																																							56
머스타드	30				2																																																							28
																																																														0
																																																														0
																																																														0
																																																														0
																																																														0
																																																														0
																																																														0
																																																														0
																																																														0
																																																														0
																																																														0
																																																														0
																																																														0
합계																																																														

3. 재고관리의 기법

최근 외식업체에서 구매하는 물품의 품목이 다양해지고 수량이 많아지면서 재고관리의 통제는 더욱 복잡해지고 있다. 더욱이 재고는 물품 그 자체가 회사가 보유하고 있는 자산이며, 이를 관리하기 위해서는 유지 비용이 소요되고 또한 제품의 원가와도 관련되어 있다. 따라서 물품 특성을 고려하여 적절한 재고관리 기법을 적용하여야 할 것이다.

1) ABC 관리 방식

ABC 관리 방식(ABC inventory control method)은 1951년 디키(H. F. Dickie)가 제안한 자재 · 물류관리 기법으로 '파레토 분석 기법' 또는 '통계적 선택법'이라고도 한다. 구매 물품의 가치도에 따라 A, B, C의 세 등급으로 분류하여 차등적으로 관리하는 방식을 말한다. 즉 A등급은 수량은 적으나 비용이 많이 드는 고가 제품, B등급은 수량은 많으나 비용이 적게 드는 제품, C등급은 수량은 가장 많으나 비용이 가장 적게 드는 제품을 의미한다. 따라서 A등급은 가장 효과적으로 철저히 관리해야 하는 제품이며, B와 C등급은 관리를 간소화하고 효율을 높이는데 중점을 두어야 한다.

재고품의 단가는 재고량과 통제에 영향을 주어 용도에 맞게 품목을 분류하는 과정이 중요한데, 파레토 분석(Pareto analysis) 곡선을 이용하여 재고관리에서 시간과 노력의 우선순위를 결정하는 데 도움을 준다.

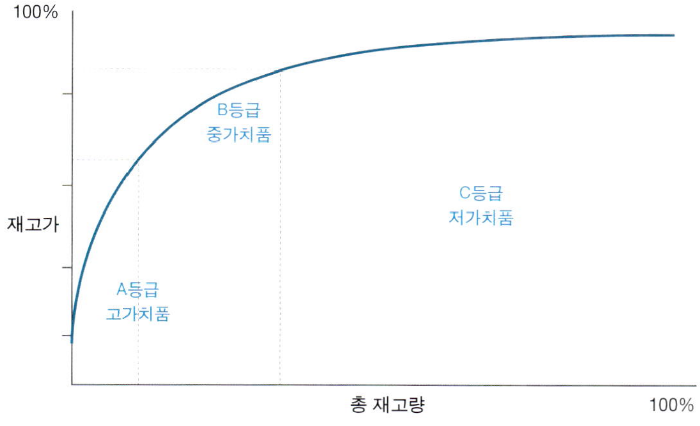

[그림 10-2]
ABC 분석도표(파레토 분석)

ABC 관리 방식을 이용하여 물품의 가치도에 따라 분류된 A, B, C형과 이에 따른 각 특성은 다음과 같다.

품목 분류	특성
A형 품목	- 고가 품목(육류, 주류)에 적용 - 총 재고액의 10~20% 차지(재고액의 70~80% 차지) 재고액은 절대 최소 수준 유지 - 정기 발주 방식 적용 - 소요량과 보유량을 확인하여 발주량을 정확히 산출함이 중요함
B형 품목	- 중가 품목(과일류 및 채소류)에 적용 - 총 재고액의 15~20% 차지(재고액의 20~40% 차지) - 일반적인 재고관리 시스템 적용
C형 품목	- 저가 품목(밀가루, 설탕, 조미료, 세제) - 총 재고액의 40~60% 차지(재고액의 5~10% 차지)

[표 10-2] ABC 관리 기법의 분류 및 특성

ABC 관리 방식의 분석 절차는 다음과 같다.

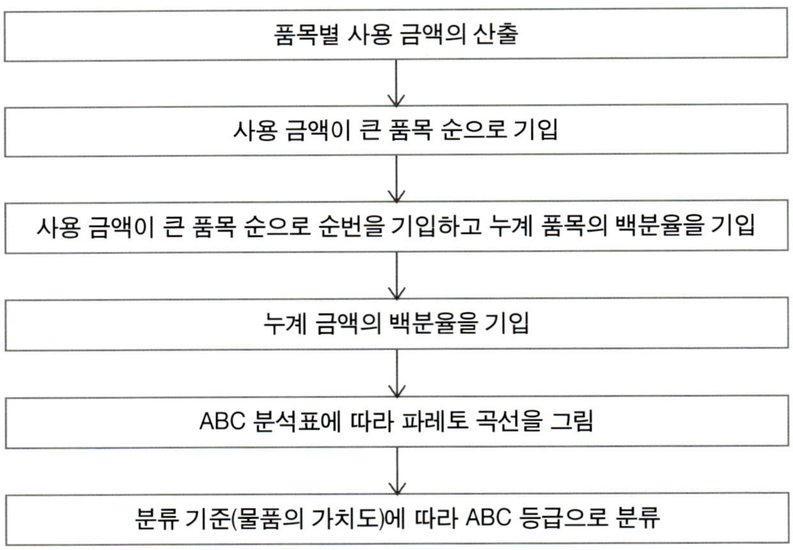

[그림 10-3] ABC 관리 방식의 분석 절차

3) 최소-최대 관리 방식(minimum-maximum method)

최소-최대 관리 방식은 Mini-max 관리 방식이라고도 하며, 주로 급식소에서 많이 사용하고 있는 방식이다. 이 관리 방식은 예기치 못한 상황에 대비하여 안전 재고 수준의 재고량을 유지하면서, 재고량이 최소 재고량에 이르면 적정량을 발주하여 최대의 재고량을 보유하도록 관리하는 방식이다.

따라서 최대 재고량은 최소의 안전 재고량과 적정 발주량의 합에 해당하게 된다.

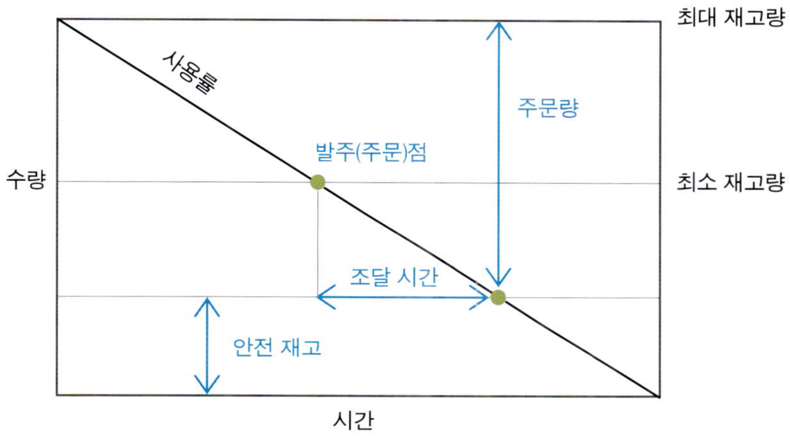

[그림 10-4] 최소-최대 관리 방식

4) 80/20 관리 방식

이 방식은 80%의 효과는 20%의 노력으로 얻어진다는 법칙을 적용하여 구매 물품의 20%가 전체 구매액의 80% 정도를 차지하고 있으며 이 20%가 매출 원가의 80%를 차지하고 있음 의미한다. 따라서 전체 구매 물품의 20%를 차지하고 있는 구매 물품은 나머지 80%를 차지하고 있는 구매 물품에 비해 구매 활동의 전체 과정에 있어서 집중적으로 관리해야 한다.

4. 재고 회전율

재고 회전율(inventory turnover)은 재고의 평균 회전 속도라고 말하며, 저장고에 있는 물품의 구매와 사용 빈도를 측정하기 위해서 실시하는 것으로, 재고량의 저장 기간과 물품의 사용 횟수 및 판매 횟수 등을 의미한다. 재고 회전율과 재고량은 반비례 관계이며, 재고 회전율과 수요량은 정비례 관계가 성립된다. 즉 재고 회전율이 너무 높으면 재고 고갈을 초래할 위험성이 있고, 너무 낮으면 불필요하게 많은 재고량을 보유하여 보관 비용이 증가하게 된다. 또한, 수요량이 감소하면 재고의 추가 보유를 중단하고, 수요량이 급격히 증가하면 재고를 추가적으로 보충시켜 적정 회전율에 도달하게 한다.

다음은 표준치의 재고회전율과 재고수준에 따른 문제점을 나타내었다.

재고 회전율이 표준보다 낮을 때 (재고량이 많음)	재고 회전율이 표준보다 높을 때 (재고량이 적음)
- 물품의 유지 · 관리 비용 증가 - 저장 기간의 증가로 물품의 손실 초래 - 재고 물품 구입에 따른 과다 투자로 자본 동결 - 물품의 부정 유출이 발생	- 재고 물품의 고갈로 생산 계획의 차질 - 종업원의 사기 저하 및 고객만족도의 감소 - 급매 상황 시 고가 구매로 비용의 증가

[표 10-3] 재고 회전율과 재고 수준

※ 재고 회전율 계산

$$\text{① 재고 회전율} = \frac{\text{총매출 원가(식품비)}}{\text{평균 재고액}}$$

$$\text{② 평균 회전율} = \frac{\text{월초 재고+월말 재고}}{2}$$

* 월초 재고 : 초기 재고, 기초 재고, 이월 재고

5. 재고 자산 평가

물품의 재고는 현재의 자산을 의미한다. 그러나 각 품목별 구입처와 구입 가격이 다르기 때문에 각각의 품목 단위당 화폐적 가치를 다르게 부여하여 자산을 평가할 필요가 있다.

1) 실제 구매가법(actual purchase price method)

재고 물품의 자산 평가 시 실제 구매가격을 기준으로 하여 계산하는 방법으로 개별법(specific indentification)이라고도 하며 주로 소규모 외식업체에서 많이 이용한다. 이 방법은 물품을 구매하여 검수 후 저장할 경우 구입 물품에 구매 단가를 표시하면 자산 평가 시 편리하다.

월/일	적요	입고			출고			재고		
		수량	단가	금액	수량	단가	금액	수량	단가	금액
1/1	품목명	20	1,200	24,000	13	1,200	15,600	7	1,200	8,400
5	〃	25	1,100	27,500	20	1,100	22,000	5	1,100	5,500
10	〃	30	1,050	31,500	24	1,050	25,200	6	1,050	6,300
25	〃	15	1,000	15,000	10	1,000	10,000	5	1,000	5,000
계		90		98,000	67		72,800	23		25,200

[표 10-4] 실제 구매가법의 예시

※ 재고 자산 = (1,200×7)+(1,100×5)+(1,050×6)+(1,000×5) = 25,200원

2) 최종 구매가법(latest purchase price method)

최종 구매가법은 물품의 구매단계에서 가장 최근에 구매한 가격을 기준으로 재고 자산을 평가하는 방법이다. 이 방법은 급식소에서 가장 많이 사용하며, 비교적 간단하고 신속하게 계산될 수 있다.

월/일	적요	입고			출고			재고		
		수량	단가	금액	수량	단가	금액	수량	단가	금액
1/1	품목명	20	1,200	24,000	13	1,200	15,600	7		
5	〃	25	1,100	27,500	20	1,100	22,000	5		
10	〃	30	1,050	31,500	24	1,050	25,200	6		
25	〃	15	1,000	15,000	10	1,000	10,000	5		
계		90		98,000	67			23	1,000	23,000

[표 10-5] 실제 구매가법의 예시

※ 재고 자산 = 1,000 × 23 = 23,000원

3) 선입선출법(first-in, first-out : FIFO method)

선입선출법은 가장 먼저 입고된 품목을 가장 먼저 사용된다는 것을 전제로 재고 자산을 평가하는 방법이다.

이 방법은 시간의 흐름에 따라 제품의 가격이 인상될 경우 재고액을 높게 책정하고 싶을 때 사용되며, 기말 재고액에는 가장 최근에 구매된 물품의 단가가 기록된다.

월/일	적요	입고			출고			재고		
		수량	단가	금액	수량	단가	금액	수량	단가	금액
1/1	품목명	20	1,200	24,000	13	1,200	15,600			
5	〃	25	1,100	27,500	20	1,100	22,000			
10	〃	30	1,050	31,500	24	1,050	25,200	8	1,050	8,400
25	〃	15	1,000	15,000	10	1,000	10,000	15	1,000	15,000
계		90		98,000	67		72,800	23		23,400

[표 10-6] 선입선출법의 예시

※ 재고 자산 = (1,050 × 8) + (1,000 × 15) = 23,400원

4) 후입선출법(last-in, last-out : LIFO method)

후입선출법은 선입선출법과는 반대로 나중에 구입한 것부터 먼저 사용하는 방법으로, 가장 오래된 물품이 재고로 남게 된다. 이 방법은 물가 상승이나 인플레이션이 될 때 재무제표상의 이익을 최소화시켜 소득세를 줄이기 위해서 사용된다.

월/일	적요	입고			출고			재고		
		수량	단가	금액	수량	단가	금액	수량	단가	금액
1/1	품목명	20	1,200	24,000	13	1,200	15,600	20	1,200	24,000
5	〃	25	1,100	27,500	20	1,100	22,000	3	1,100	3,300
10	〃	30	1,050	31,500	24	1,050	25,200			
25	〃	15	1,000	15,000	10	1,000	10,000			
계		90		98,000	67		72,800	23		27,300

[표 10-7] 후입선출법의 예시

※ 재고 자산 = (1,200×20)+(1,100×3) = 27,300원

5) 총 평균법(weighted average purchase price method)

총 평균법은 일정 기간 동안 구매된 물품의 총금액을 구입한 총수량으로 나누어 평균 단가를 계산한 후, 이 단가로 남아 있는 재고량의 가치를 평가하는 방법이다. 이 방법은 물품을 대량 구매하여 출고할 때 이용하며, 물품 출고 시에는 수량만 기록하고 마감일에 평균 단가를 계산하여 평가한다.

월/일	적요	입고			출고			재고		
		수량	단가	금액	수량	단가	금액	수량	단가	금액
1/1	품목명	20	1,200	24,000	13	1,200	15,600	7	1,200	8,400
5	〃	25	1,100	27,500	20	1,100	22,000	5	1,100	5,500
10	〃	30	1,050	31,500	24	1,050	25,200	6	1,050	6,300
25	〃	15	1,000	15,000	10	1,000	10,000	5	1,000	5,000
계		90		98,000	67		72,800	25		25,042

[표 10-8] 총 평균법의 예시

※ 평균 단가 = {(1,200 × 20)+(1,100 × 25)+(1,050 × 30)+(1,000 × 15)} / 90 = 1,088.8원

재고 자산 = 평균 단가 × 현 재고량 = 1,088.8 × 23 = 25,042.4원

Part

11

전산 정보화 시스템

1. 전산정보화 시스템의 개념
2. 인터넷 전자상거래
3. 구매관리의 전산화 시스템

11 전산정보화 시스템

1. 전산정보화 시스템의 개념

'전산정보화 시스템'이란 통신기술을 이용하여 정보의 수집이나 저장, 검색, 송신, 수신 및 그 활용과 관련되는 기기와 소프트웨어의 조직화된 체계를 의미한다. 최근 통신기술의 발달과 컴퓨터 보급 증가로 인하여 인터넷을 활용한 전산정보화는 다양한 방면에서 더욱 보편화되어 가고 있는 실정이며, 물품의 구매와 판매 활동에서도 전자상거래나 전자경매, POS System 등 다양한 형태의 전산화 시스템 구축이 활발히 진행되고 있다.

2. 인터넷 전자상거래

전자상거래는 인터넷상에서 소비자에게 물품을 판매하는 협의의 개념에서부터 정보기술과 네트워크를 매개로 하여 기업과 소비자, 기업과 기업, 정부와 다른 조직 등을 연결시켜 정보와 재화 및 서비스를 교환하고 결제할 수 있는 광의의 개념까지 포함하고 있다.

전자상거래는 네트워크를 이용하여 판매자와 소비자를 직접 연결하기 때문에 도·소매상과 같은 중간 매개체를 필요로 하지 않는다. 또한, 특정 지역과 시간의 제약을 받지 않을 뿐만 아니라 온라인을 통해 고객의 정보를 수집하고 분석할 수 있는 특징을 가지고 있다.

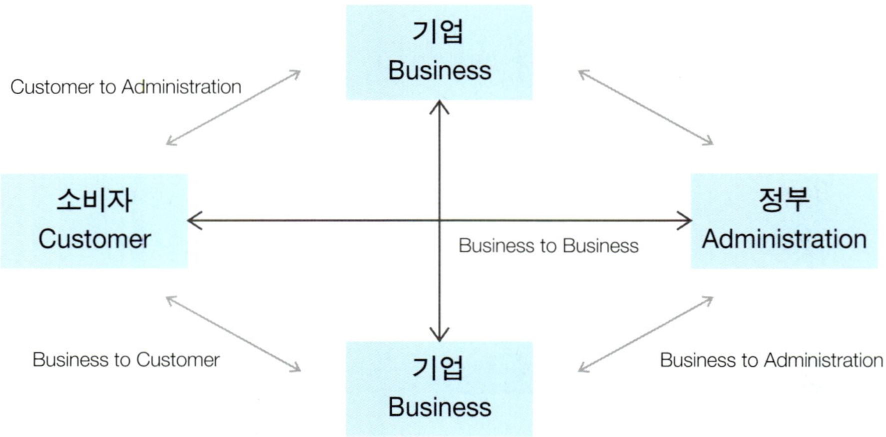

자료: ESPRIT, 1996 Electronic Commerce

[그림 11-1] 전자상거래의 여러 가지 형태

1) 농산물 전자상거래

농산물 전자상거래는 농산물이나 그 가공품 관련 서비스의 거래에 있어서 그 전부 또는 일부가 전자 문서 교환 등 전자적 방식에 의해 처리되는 거래를 의미한다.

농산물 전자상거래는 가상공간(Cyber Space)에서 이루어지기 때문에 재고나 유통 비용 등에 따른 거래 비용을 절감시키는 이점이 있다. 특히 농산물의 경우 유통, 특히 소매 유통의 마진이 높기 때문에 전자상거래를 통한 직거래는 농산물 유통 개선에 있어서도 매우 중요한 역할을 할 것으로 기대된다. 그러나 농산물은 상품 가격에 비해 부피와 중량이 크고 무거우며, 부패하기 쉬울 뿐만 아니라 규격화 · 표준화가 어렵다는 문제점을 가지고 있다. 그러므로 농산물 전자상거래의 활성화를 위해서는 농산물의 규격화 및 상품화 개발, 전자상거래 운영에 대한 교육 및 노하우 등에 대한 연구가 지속되어야 할 것이다. 농산물 전자상거래의 장애 요인을 요약하면 다음과 같다.

① 농산물의 표준화 및 규격화가 어려움

② 단순하고 계절적인 상품 구성과 물량 부족

③ 불안정한 수급 및 가격 조건

2) 전자경매

물품의 응찰에서 낙찰에 이르는 전 경매 과정을 전자 · 자동화하는 과정을 전자경매라 하며, 유선식, 무선식, 고정식, 이동식 등 다양한 형태로 이용된다. 그 이외에도 스마트 경매와 화상 경매 등이 있다.

(1) 농산물 전자경매의 추진 배경

농산물 유통 환경의 급격한 변화와 정보기술의 발달 및 컴퓨터의 급격한 보급에 따라 유통 업무의 효율화와 경쟁력을 강화시키고, 또한 일부 도매시장 경매 부조리에 따른 농산물 유통에 관한 불신을 개선하기 위한 유통정보 개혁 대책의 일환으로 정보기술을 활용하고자 함이다.

(2) 필요성 및 목적

도매시장 정보화 및 농산물 유통 정보화의 기초를 확립하여 경매 과정의 공정성과 투명성을 확보하고, 이를 기반으로 신뢰성 제고 및 구매 비용 절감과 경락 정보의 실시간 전파 기반을 구축하기 위함이다.

(3) 종류

① 무선식

중도매인이 각자의 고유번호가 입력된 무선 응찰기를 이용하여 구매 희망 가격을 응찰기에 입력하면, 경매용 컴퓨터에 전송되어 경매사는 컴퓨터가 자동 선정한 최고 가격을 제시하여 중도매인을 낙찰시킴으로써 경매가 신속하게 처리되며, 경매 결과가 전광판에 나타나는 방법이다.

② 고정식

구매자 자신이 구매 가격을 구매자의 좌석에 부착된 전광판 표시 등을 눌러 희망 가격을 제시하면 경매사는 전광판을 통하여 최고 응찰자에게 낙찰시키는 방식이다.

(4) 기대 효과

농수산물 출하에서 경매까지 소요 시간을 단축하여 유통의 효율화를 꾀하며, 도매시장 내 하역 물류 작업 감소로 물류비를 절감하고, 상품의 신선도를 유지하여 상품가치를 증대시킨다.

3. 구매관리의 전산화 시스템

1) 구매관리의 전산화 시스템

구매관리 전산화 시스템의 하나인 전자발주 시스템(electronic ordering system, EOS)은 컴퓨터나 통신 회선을 이용하여 필요한 물품을 구매하는 방법이다. 이는 유통과정에서 발생하는 다양한 과정과 정보를 지원하기 위해 구축되는 시스템으로, 거래처로부터 최고 품질의 필요 물품을 적절한 시기에 적정 가격으로 적량을 합리적이며 경제적으로 구매하기 위한 통신 시스템을 의미하기도 한다. 이러한 시스템은 식재료 주문이 이루어지면 온라인으로 공급 업체에 자동적으로 주문이 전달되어, 즉 구매 발주에서 입고 과정을 시스템과 연계하여 실시간으로 이루어지기 때문에 구매 조정 및 기타 긴급 상황에 신속한 가능하며, 과거의 구매 품목이나 단가 및 구매량 등의 이력 사항과 거래처에 대한 정보관리가 가능하게 된다. 이는 빠르게 변화하고 있는 유통환경에 능동적으로 적응하여 구매 업무를 합리적이고 경제적으로 처리할 뿐만 아니라 과거 담당자의 주관적인 결정에 의존해 왔던 공급처 관리와 발주가 정확한 자료를 근거로 하여 체계적인 관리를 가능하게 한다.

또한 식자재 관련 업무의 전산화는 단순히 전산망을 이용한 업무의 연계가 아닌 각 부서 간의 커뮤니케이션을 통하여 관련 정보를 공유하는 매개가 되며, 인력 절감과 부대비용을 절감할 수 있는 수단이기도 한다.

학교에서 사용하고 있는 전자 조달 시스템은 NEIS(나이스) 프로그램과 연동이 가능한 것으로, 사이버 거래를 통하여 식재료 납품 업체로부터 식재료를 구매할 수 있도록 농수산물유통공사가 운영하는 시스템이다. 국가 및 지방계약법에 근거하여 사전에 공급 업체에 대한 적격 유무를 실사하여 업체를 선정 및 계약하고 식재료의 시장 가격이나 통계자료, 업체 정보 등 다양한 정보를 제공한다.

위탁 급식회사의 경우 정확한 데이터를 실시간으로 공유하여 다수의 단체급식처에 표준 문서와 양식을 제공할 수 있으며, 식재료의 발주에서부터 입고, 출고, 수불관리에 이르기까지 전체 과정의 업무가 일괄적으로 처리되어 업무 효율을 높일 수 있다. 또한, 표준 식단, 표준 레시피, 영양 분석표 등을 제공하여 식단관리와 레시피 관리가 더욱 편리하고 간편하게 되며, 메뉴 관리의 표준화와 물류 및 구매관리를 용이하게 하고, 각 업장별 발주 내용을 납품 업체별, 지점별, 품목별로 자동 취합할 수 있음은 물론, 구매현황, 구매 과정을 개별적으로 각각 관리할 수 있어 업무 시간을 단축시킬 수 있다.

그 외 산업체나 영유아 보육시설도 전자 발주 시스템을 활용하고 있는 곳이 증가하고 있으며 각각의 식재료 공급 업체는 자체적인 전자 발주 프로그램을 개발 및 제공하고 있다. 사용 방법은 각 식품업체 홈페이지에 접속한 후 전자 발주 프로그램의 매뉴얼에 따라 진행한다. 일반적으로 식재료 발주는 메뉴발주와 식품발주로 나뉘며, 메뉴 발주의 경우 표준 식단을 활용하여 업장에 맞게 식재료를 조정한다. 각 업체에 따라 표준 메뉴를 기준으로 하여 식재료의 종류나 양을 수정 및 변경한 메뉴는 저장 후 이후에 사용이 가능한 곳도 있다. 각 식재료 공급 업체로부터 매뉴얼을 제공받아 사용한다.

(1) 목표

기존의 오프라인 구매를 온라인 거래로 전환함에 따라, 거래 관행을 개선하여 구매 투명성을 확보하고 전문성 제고 및 구매 비용 절감을 목표로 한다.

(2) 기대효과

① 업무의 효율화

각종 기관 정보 연계 및 계약 관련 서류의 전산화를 통한 구매 관련 업무의 편의성 및 효율성을 극대화할 수 있다.

② 비용 절감

불필요한 유통 단계를 축소하여 구매 절차가 간소화될 뿐만 아니라 비용 절감의 효과를 기대할 수 있다.

③ 구매 비리 차단

식재료 구매에 대한 전문 시스템화로 구매의 투명성을 확보할 수 있다.

④ 식재료 구매에 대한 불안 해소

급식 재료 공급업체 선정 시 서류심사 및 현장실사, 전자 카탈로그 등의 관리 체계로 검증된 식재료 공급이 가능하다.

⑤ 공급 업체 관리의 체계화

기존의 분산된 구매 관련 기관의 전산 공유로 공급 업체에 대한 효율적인 관리가 가능하다.

⑥ 식재료 전문 E-Marketplace 구축

식료 전자 카탈로그의 구축으로 표준화를 통한 각종 유통 정보, 소요량 등을 활용할 수 있다.

2) 자재관리의 전산화 시스템

보유하고 있는 물품의 재고는 기업의 중요한 자산의 일부분으로 재고관리의 전산화를 통해 재고 현황을 파악할 뿐만 아니라 물품의 입고와 출고 및 소요 계획 등 일련의 과정을 전산처리하고 원가관리 시스템과도 자동 연동되어 효율적인 자원관리가 이루어지게 한다.

특히 이 시스템은 거래처와 자동으로 연계되어 반품 처리 시 구매 담당자의 업무량을 절감하여 줄 뿐만 아니라 재발 방지를 위한 피드백에도 효율적인 관리가 가능하다.

3) 원가관리 전산 시스템

기업에서 원가관리를 하는 궁극적인 목적은 원가를 절감하여 최대 수익을 증진시키고자 함이다. 따라서 기존의 오프라인의 회계 기법의 분석은 주로 과거 자료를 다루었으나 요즘의 전산 시스템은 앞으로의 판매를 예측하고 이를 원가에 적용하여 새로운 차원의 자료를 제공하는 것이 원가관리 시스템의 목적이다.

4) POS 시스템

POS 시스템(point of sales system)은 매출 상품에 대한 정보를 판매 시점에서 즉시 기록하여 판매 정보를 집중적으로 관리하는 시스템으로 점포 판매 시스템이라고도 한다. 즉 매장의 주문 처리 시스템과 관리자의 메인 컴퓨터를 온라인으로 연결하여 판매 시 정보를 실시간으로 통합하고 분석 및 평가하여 미래의 고객 대응 능력을 배가시키기 위한 종합적인 판매관리 시스템이다. 상품을 인식할 수 있는 바코드(barcode)나 OCR 태그(광학식 문자해독 장치용 가격표) 등을 스캐너로 읽어 가격을 자동 계산하는 동시에 상품에 대한 정보를 수집하고 입력한다.

이러한 POS 시스템은 각종 판매 정보를 체계적으로 관리 가능하게 하여 상품 회전율을 높이고 적정 재고량을 보유할 수 있다. 또한, 수집된 데이터를 활용하여 신제품 및 판촉 상품의 판매 경향이나 인기 상품, 구입 고객별 분석, 시간대별 판매 분석, 판매 가격과 판매량의 상관관계에 대한 분석 등을 파악하여 생산 계획과 판매 계획 등을 세울 수 있는 이점이 있다.

부록

1. 축산도표

(그림 출처 : 캐나다 쇠고기 구매 안내서, 캐나다 우육수출협회편)

2. 식자재 목록

3. 참고문헌

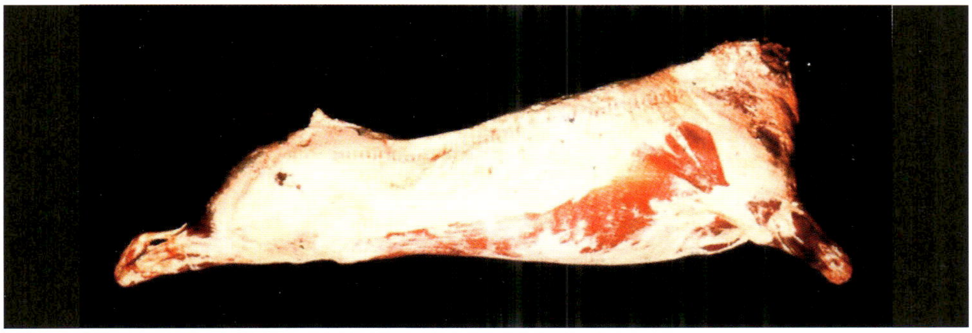

쇠고기 이분도체
Beef Side(Carcass)

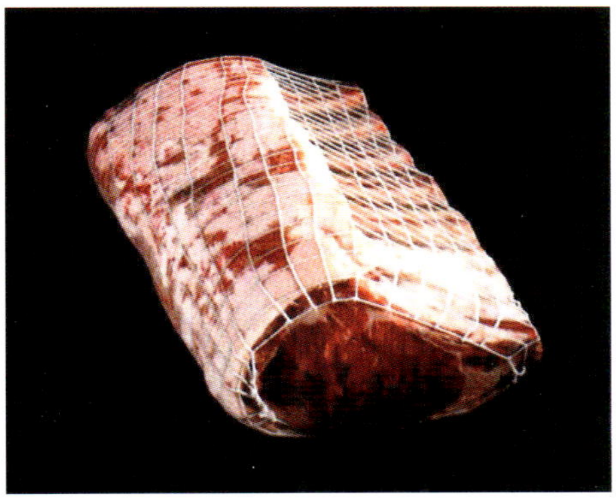

로스트용 갈비
Rib(Roast Ready, Netted or Tied)

갈비심(로스트용)
Ribeye Roll

꽃등심(립부착)
Ribeye Roll(Lip On)

갈비
(Short Rib)

쇼트 클로드
Short Clod

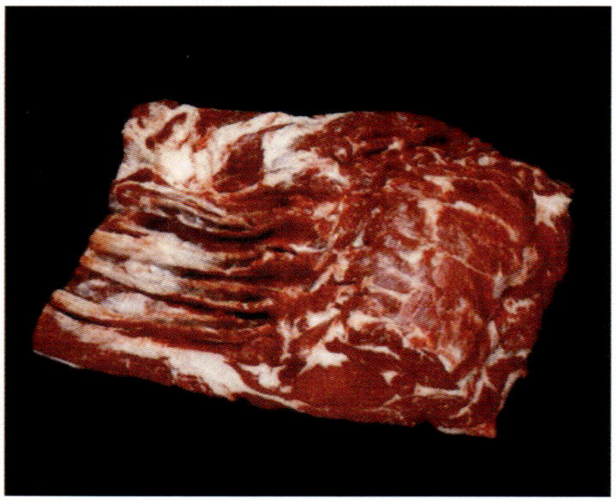

목심(사각절단)
Chuck(Square Cut)

목심
Chuck Roll

꾸리살
Chuck Tender

살치살
Chuck Flap Tail

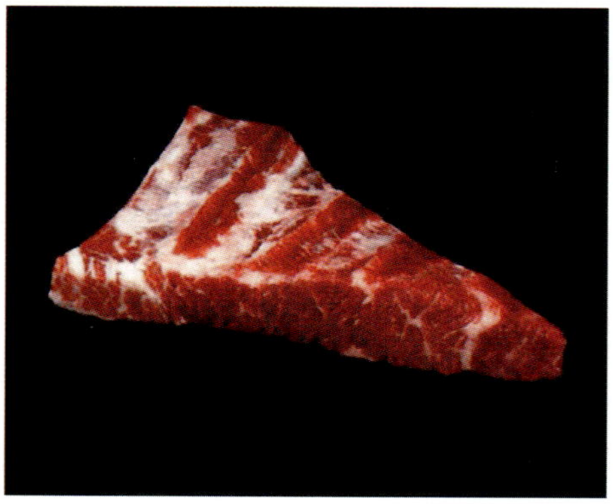

갈비본살
Chuck Short Rib(Boneless)

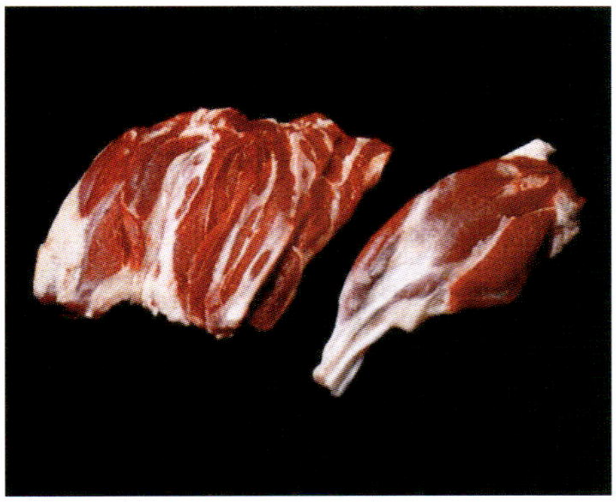

앞사태
Beef Shank

차돌양지
Brisket(Deckle Off)

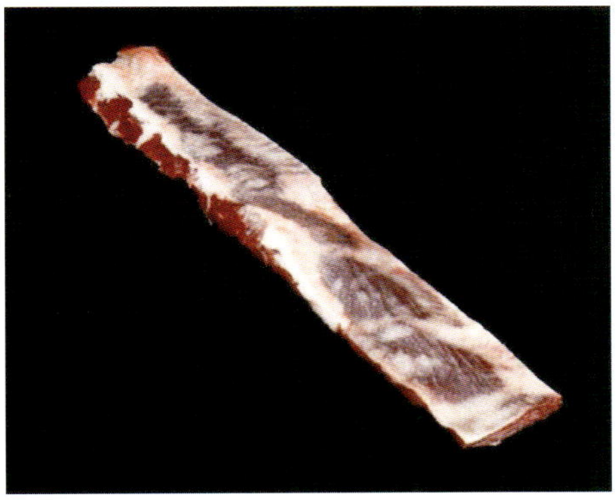

안창살(근막제거)
Outside Skirt(Skinned)

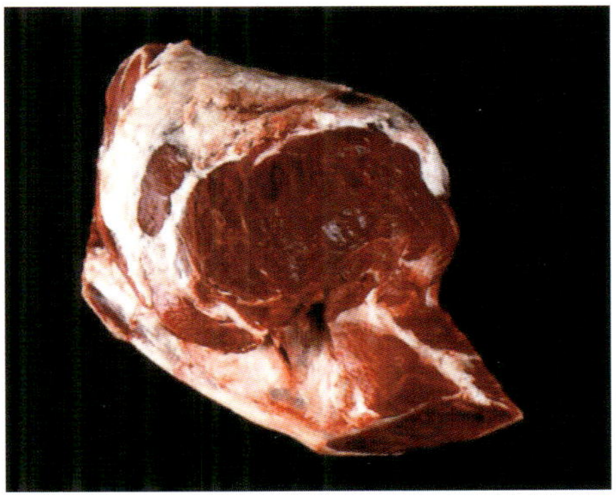

우둔
Round

도가니살
Knuckle

우둔하(거위목)
Outside Round(Gooseneck)

채끝살
Strip Loin(2×3)

채끝살(0×1)
Strip Loin(0×1)

안심(옆근육 부착)
Tenderloin(Side Muscle On)

안심머리
Butt Tenderloin

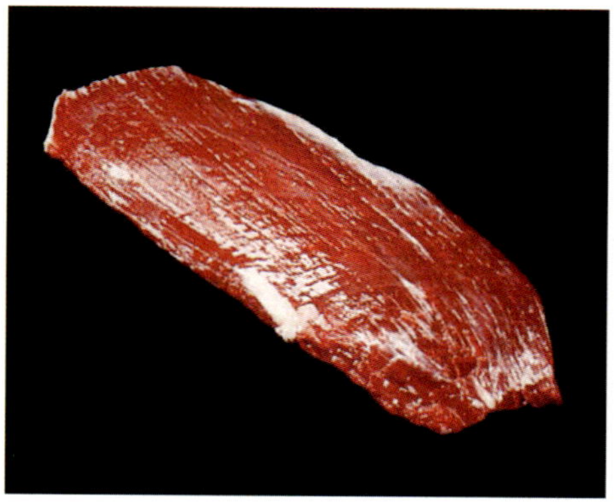

플랭크 스테이크
Flank Steak

다이스드 쇠고기
Diced Beef

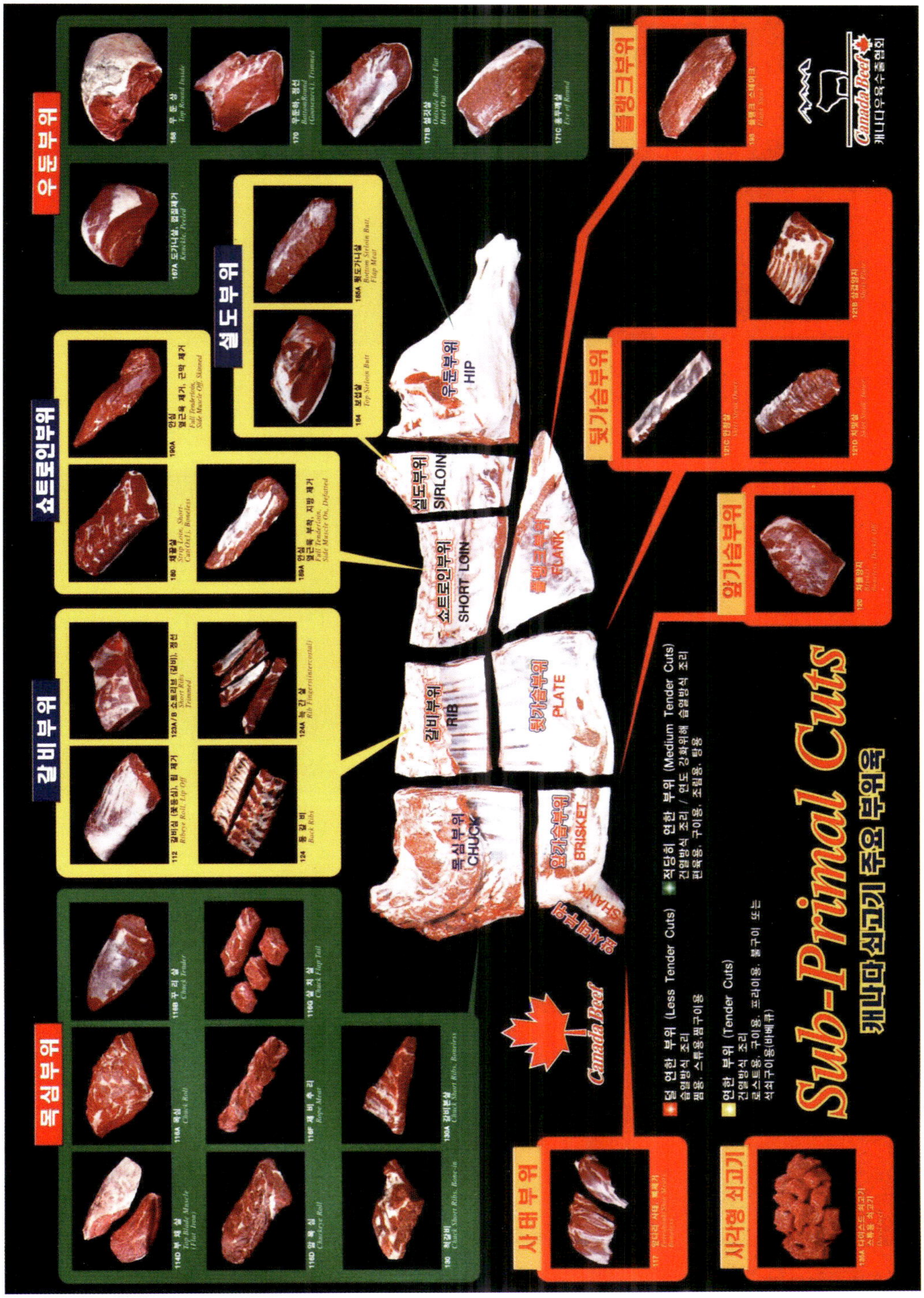
Sub-Primal Cuts
캐나다 쇠고기 주요 부위육
우둔부위
설도부위
쇼트로인부위
갈비부위
목심부위
플랭크부위
뒷가슴부위
앞가슴부위
사태부위
사각형 쇠고기
우둔부위 HIP
설도부위 SIRLOIN
쇼트로인부위 SHORT LOIN
갈비부위 RIB
목심부위 CHUCK
앞가슴부위 BRISKET
뒷가슴부위 PLATE
플랭크부위 FLANK
사태부위 SHANK
Canada Beef
덜 연한 부위 (Less Tender Cuts)
적당히 연한 부위 (Medium Tender Cuts)
연한 부위 (Tender Cuts)

▎쇠고기 주요 부위육 요약

꽃등심 스테이크
Ribeye Roll Steak

포트하우스 스테이크
Porthouse Steak

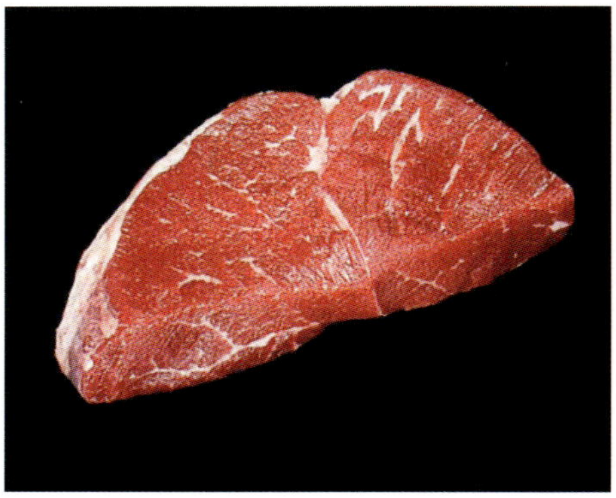

볼립 스테이크
Ball Tip Steak

패티
Patties

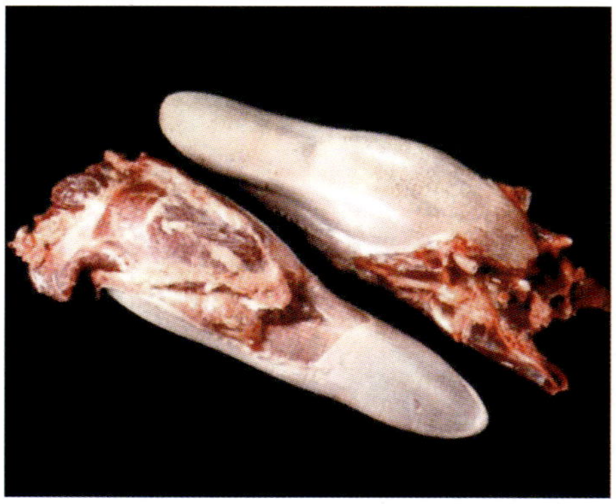

혀(사각절단)
Tongue(Square Cut)

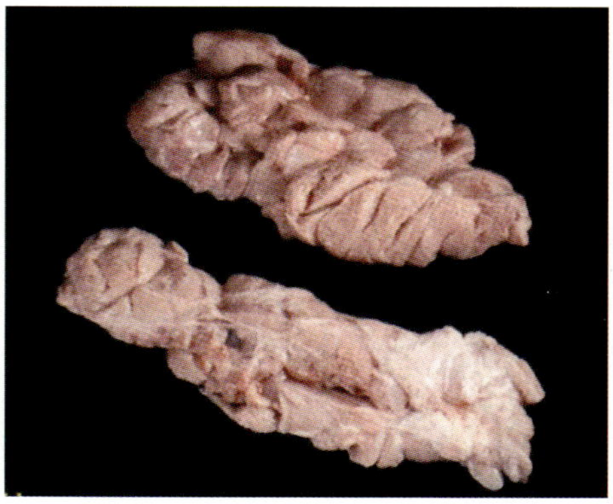

흉선
Sweetbrads

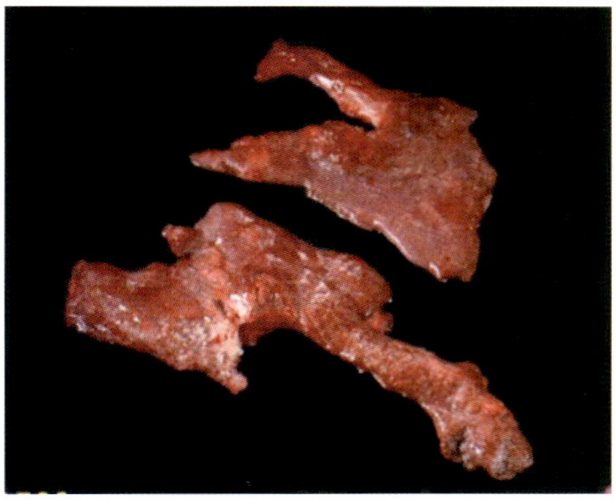

췌장
Pancreas Gland

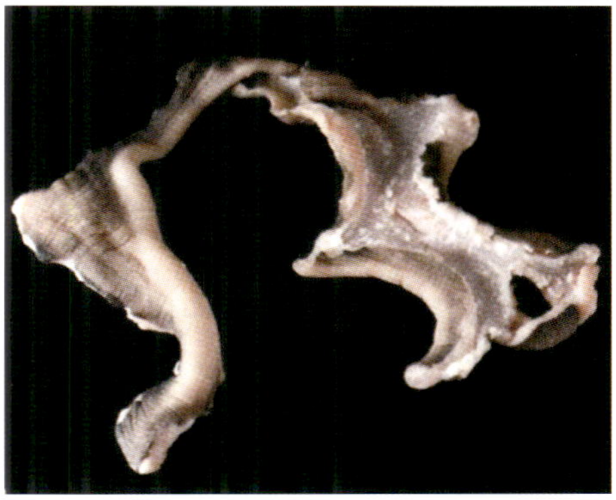

양깃머리
Mountain Chain Tripe

직장
Bung Cap

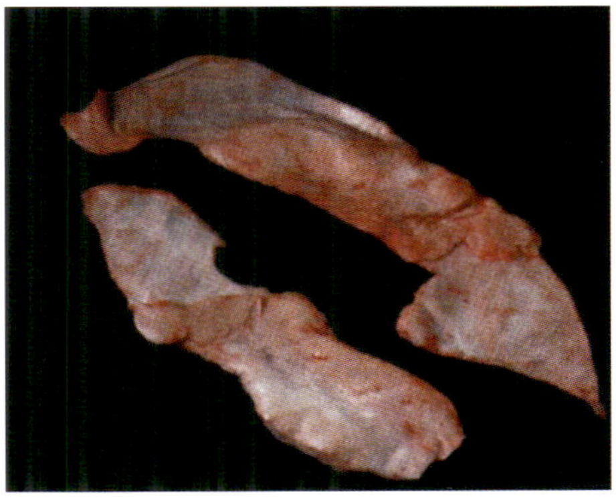

피막
Tunic Tissue

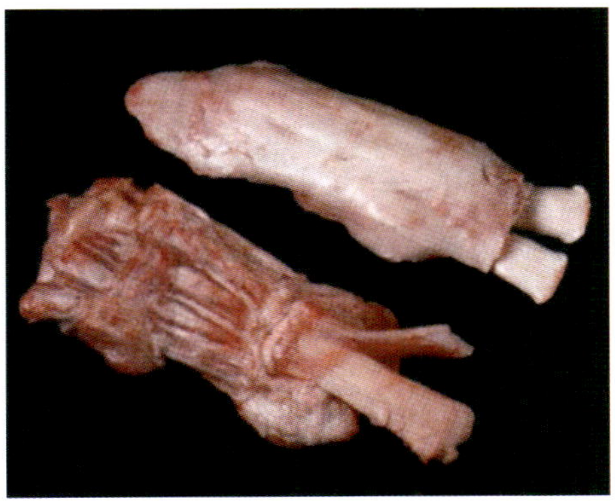

우건(스지)
Tendons(Flexor)

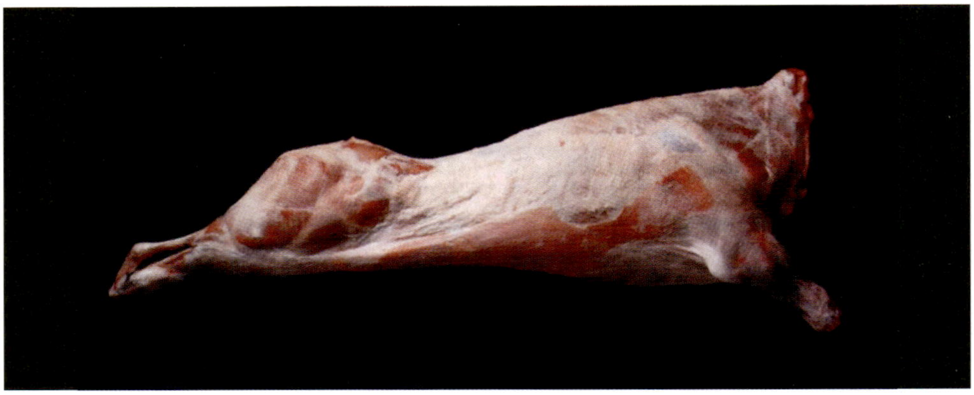

쇠고기 이분도체
Beef Side(Carcass)

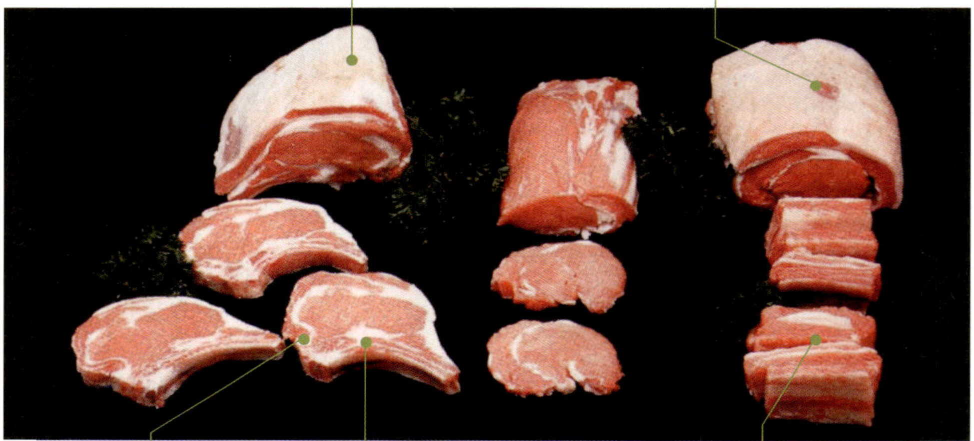

블레이드 로스트(뼈 제거)
Veal Shoulder

블레이드 로스트
Veal Shoulder

라운드본 로스트
Veal Shoulder

로스트(뼈 제거)
Veal Shoulder

분쇄육
Veal Shoulder

블레이드 부분육
Veal Shoulder

라운드 본 스테이크
Veal Shoulder

양지(뼈 포함)
Veal Breast

삼겹양지(뼈 제거)
Veal Breast

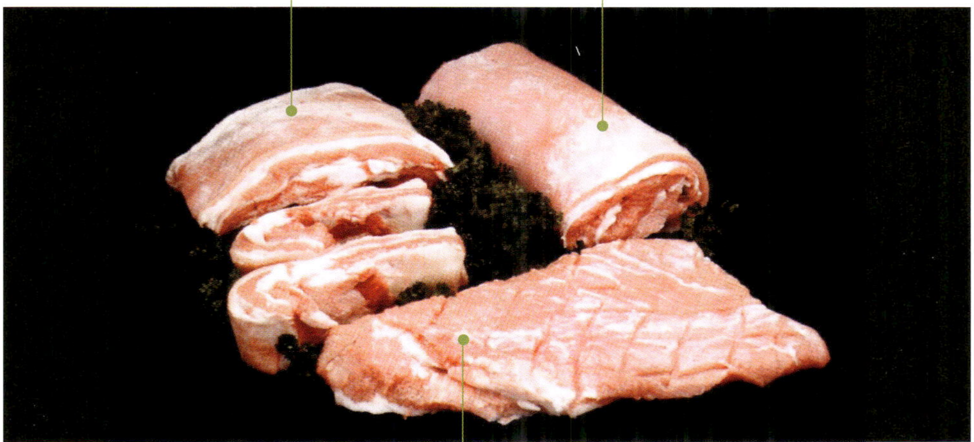

차돌양지(뼈 제거, 바깥 지방층 제거)
Veal Breast

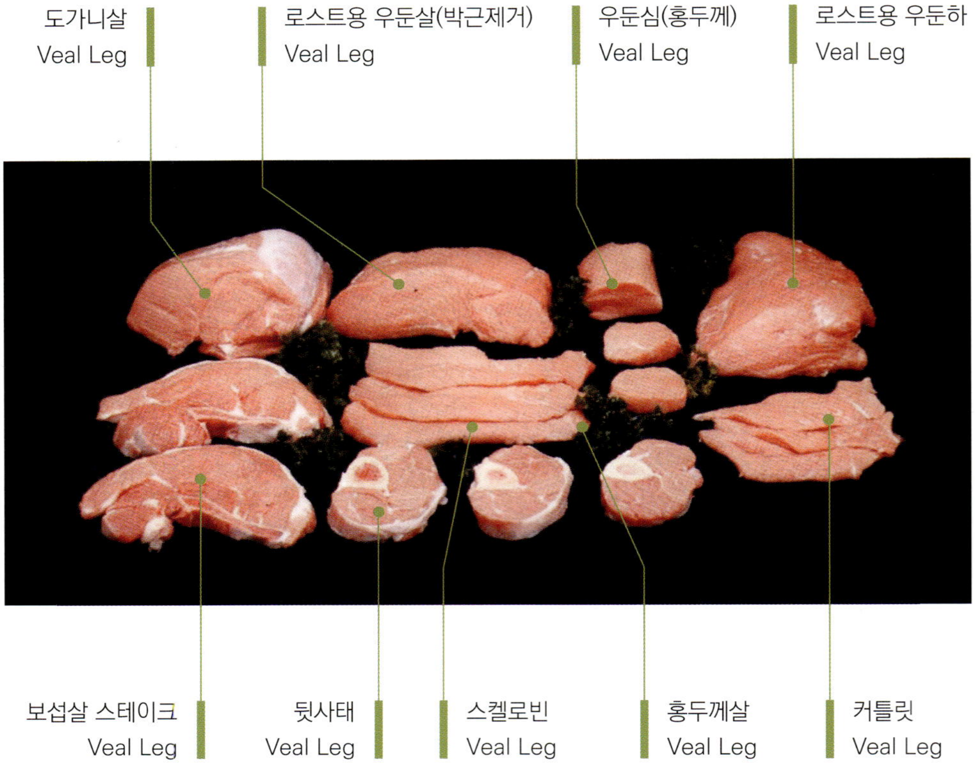
도가니살
Veal Leg
로스트용 우둔살(박근제거)
Veal Leg
우둔심(홍두께)
Veal Leg
로스트용 우둔하
Veal Leg
보섭살 스테이크
Veal Leg
뒷사태
Veal Leg
스켈로빈
Veal Leg
홍두께살
Veal Leg
커틀릿
Veal Leg

BEEF SKELETAL CHART

Location, Structure and Names of Bones

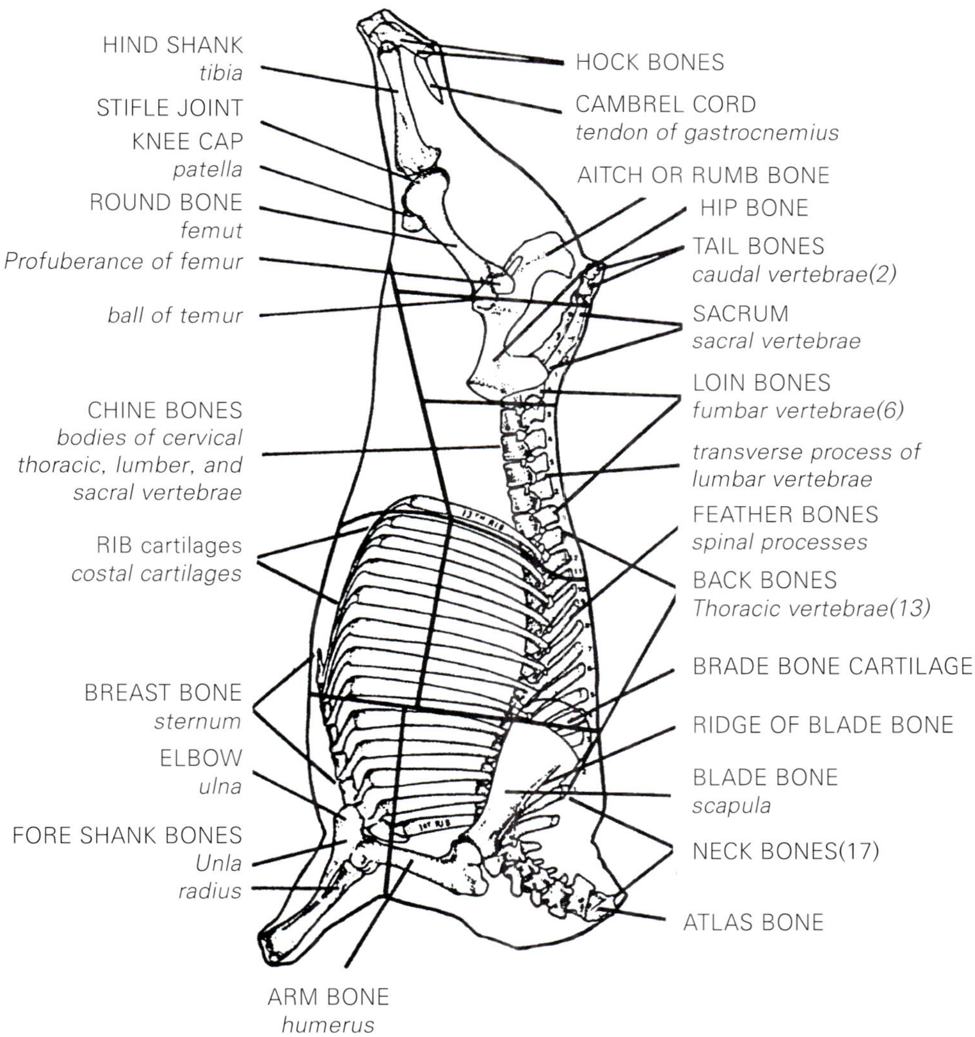

LAMB SKELETAL CHART

Location, Structure and Names of Bones

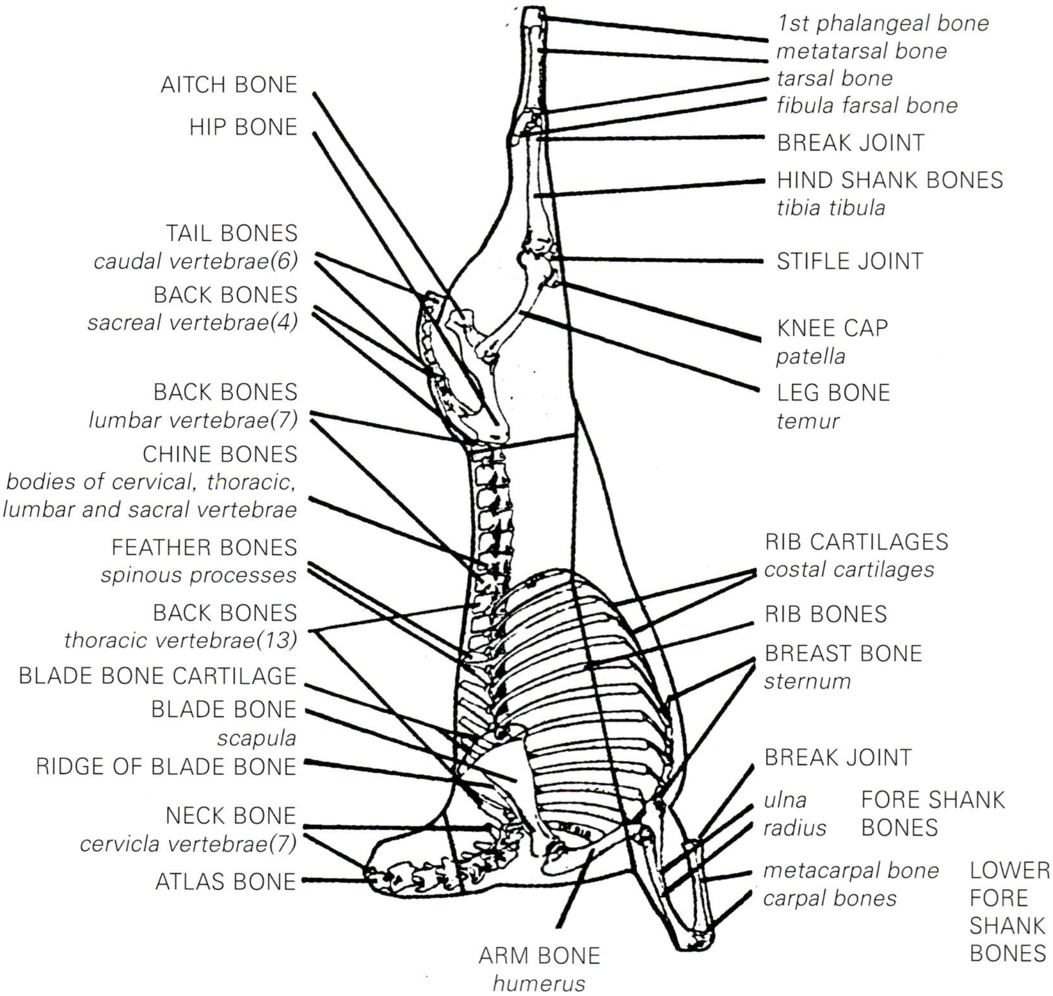

PORK SKELETAL CHART

Location, Structure and Names of Bones

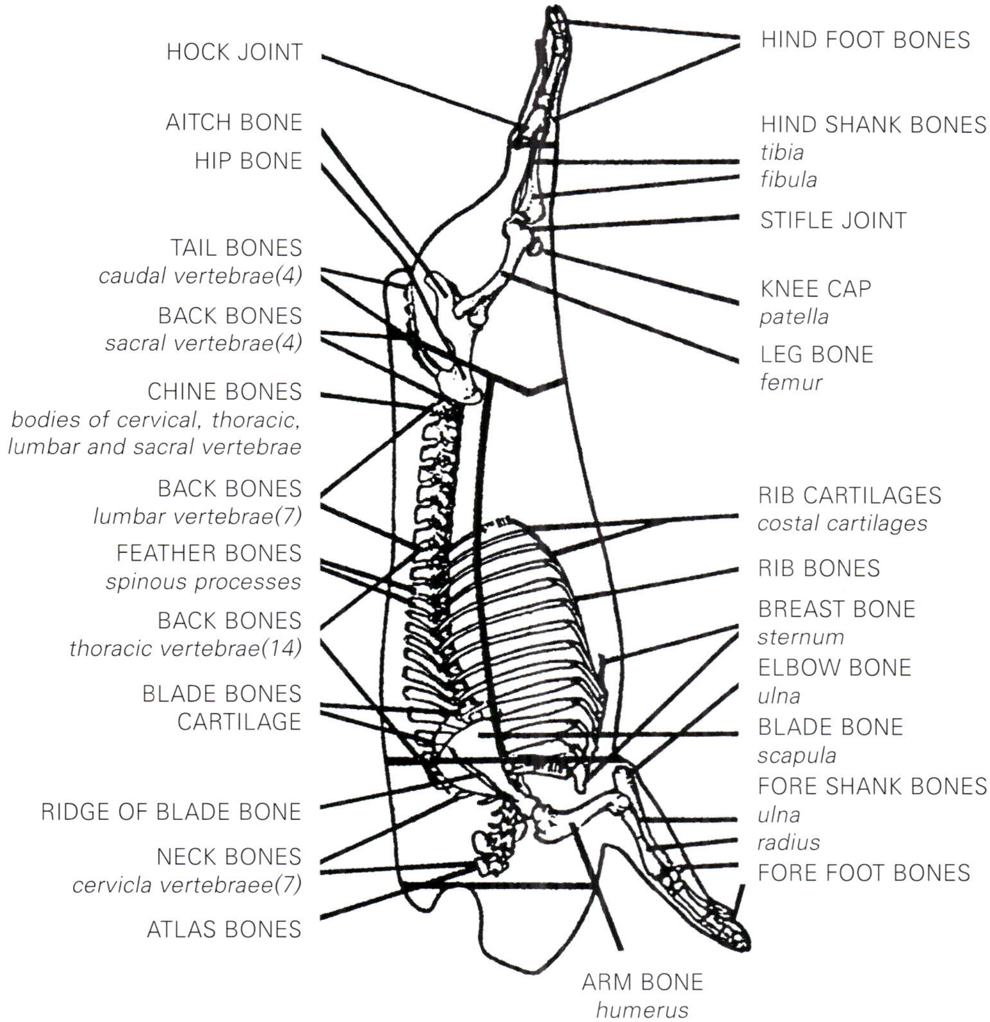

PORK SKELETAL CHART

Location, Structure and Names of Bones

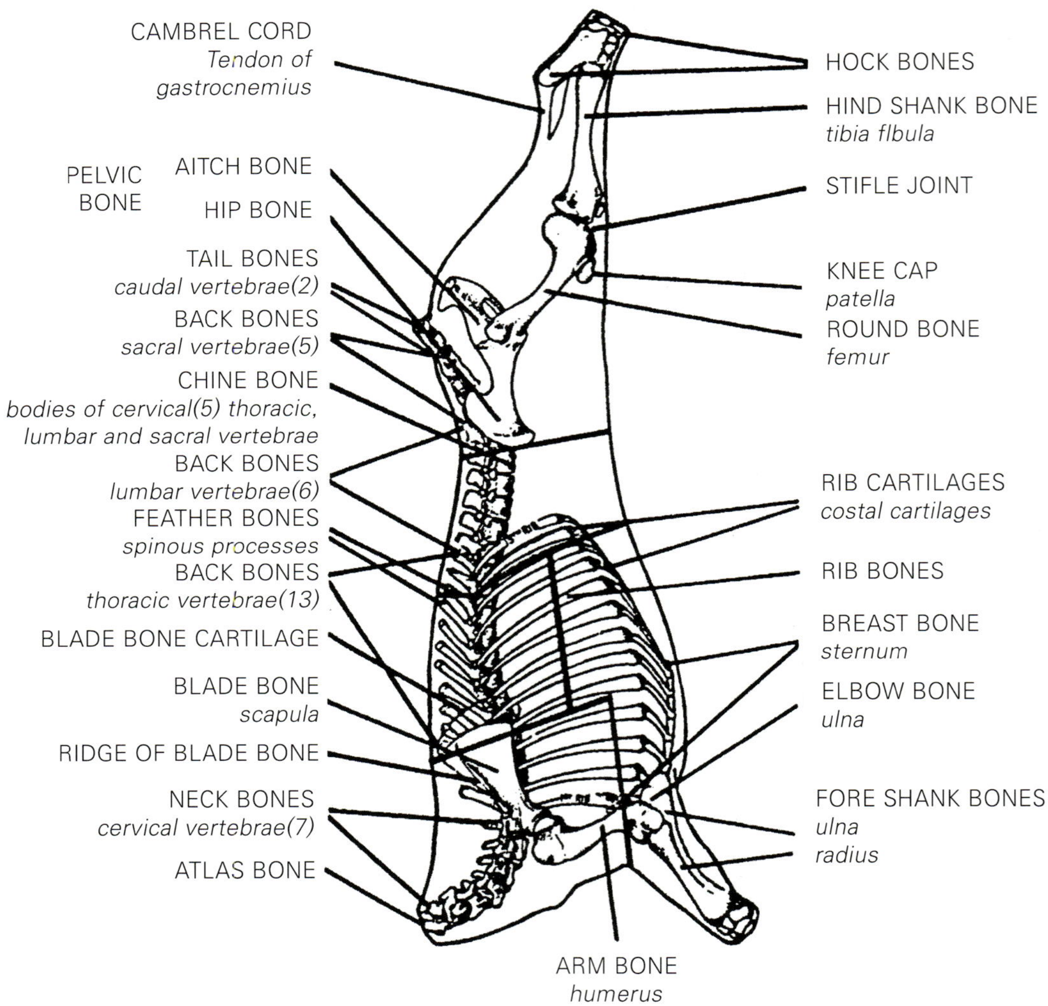

관광용 수입 식자재

1. 과즙

물품번호	품명	상표	규격
01-01	Apple Juice	One star	12,46 oz
01-02	Grape Juice	Calglory	12/46 oz
01-03	Grapefruit Juice	Delmonte	12/46 oz
01-04	Lemon Juice	Sunkist	12/32 oz
01-05	Lime Juice	Realime	12/8 oz
01-06	Orange Juice(Unsweet)	Calglory	12/46 oz
01-07	Orange Juice Concentrated(Frozen)	Sunkist	12/32 oz
01-08	Pineapple Juice	Delmonte	12/46 oz
01-09	Prune Juice	Shur - F	12/32 oz
01-10	Tomato Juice	Hun's	12/46 oz
01-11	V-8 Juice	V-8	12/46 oz
01-12	Kiwi Juice Concentrated	Schumanns	6/2 lt
01-13	Pine-Coconut Juice	Hansen's	12/32 oz
01-14	Pine-Banana Juice	Hansen's	12/32 oz
01-15	Mango Juice	Magnolia	12/1,000ml
01-16	Guava Juice(Room Mini-Bar용)	Hawaiian-Sun	24/11.5 oz
01-17	Passion fruit Juice(Room Mini-Bar용)	Hawaiian-Sun	24/11.5 oz
01-19	Mango Juice(Room Mini-Bar용)	Jina	30/250ml
01-20	Guava Juice	Hawaiian-Sun	12/46 oz
01-21	Pineapple Juice Portion	Delmonte	48/5.5 oz
01-22	Tomato Juice Portion	Hunt	48/5.5 oz

2. 커피 및 차

물품번호	품명	상표	규격
02-01	Geind Coffee	S & W	12/2 lb
02-03	Instant Coffee(Portion)	Sanka	10/100's
02-04	Tea Bag	Lipton	10/100's

3. 가공 과실

물품번호	품명	상표	규격
03-01	Almond Sliced	Blue diamond	6/#5
03-02	Apricot Halves	Libby's	6/#10
03-03	Black Berries	Oregon	8/#303
03-04	Blue Berries	Oregon	8/#303
03-05	Cashew Muts	Fisher	12/12 oz
03-06	Cherries : Maraschino Cherries	Pennant	12/14 oz
03-07	: Maraschino Cherries	Solicious	6/$\frac{1}{2}$ gal
03-08	: Dark Sweet Cherries	Sysco	6/#10
03-09	Fruit Cocktail	S & W	24/#2$\frac{1}{2}$
03-10	Fruit Cocktail	Delmonte	6/#10
03-11	Fruit For Salad	Libby's S.F	6/#10
03-12	Longan Fruit	China	24/20 oz
03-13	Lychees Fruit	China	24/20 oz
03-14	Mixed Nurts	Fisher	6/#5
03-16	Pear Halves	Delmonts	24/#2$\frac{1}{2}$
03-17	Pecan Halves	Fisher	6/#5
03-18	Pineapple Sliced	B.H	24/#2
03-19	Pineapple Sliced	Delmonte	6/#10
03-21	Sour Cherries	S.E.R	6/#10
03-22	Lemon Peel	Pennant	1/30 lb

03-23	Orange Peel	Pennant	1/30 lb
03-24	Grapefruit Section	Bordo	12/50 oz
03-25	Macadamia Nuts	Australia	100/50 g
03-26	Almond Whole	Blue Diamond	6/4 lb
03-27	Blueberry	Jonker	12/212 ml
03-28	Blueberry	Jonker	12/212 ml
03-30	Dried prune(pitted)	Cinderella	24/150 ml
03-109	Fruit Cooktail	S&W Delmente	6/#10 tn

4. 가공 채소

물품번호	품명	상표	규격
04-01	Asparagus Green(Whole)	S.E.R	6/#5
04-02	Asparagus White(Whole)	China	12/790 g
04-03	Artichoke Bottom	Maria	12/28 oz
04-04	Artichoke Heart	Maria	6/#10
04-05	Bamboo Shoots Green	China	24/17.5 oz
04-06	Beans : Baked Beans	B & M	6/55 oz
04-07	Cut Wax Beans	Delmonte	6/#10
04-08	Green Beans	Delmonte	6/#10
04-09	Lima Beans	Stokel Eys	24/#303
04-10	Red Kidney Beans	C. H	1/10 lb
04-11	White Kidney Beans	Serco	1/25 lb
04-12	Beet Sliced	B. H	24/#303
04-13	Cocktail Onion	Los Olives	12/216
04-14	Corn : Baby Corn	Taiwan	25/15 oz
04-15	Popping Corn		12/30 oz
04-16	Kernell Corn	T. J	6/#10
04-17	Cream Corn	B〉H	24/#303
04-18	Cut Okra	S. E. R	24/#303

04-19	Kadota Figs	Oasis	12/#2.5
04-20	Pickles Dill	Rio Rinda	6/#10
04-21	Pickles Sweet	Rio Rinda	6/#10
04-22	Pimento(Red)	Maria	24/7 oz
04-23	Olive : Black Ripe Olive	Oberti	24/#303
04-24	Olive : Green Stuffed Olive(Pimento)	Shur-F	12/10 oz
04-25	Olive : Green Stuffed Olive(Pimento)	S. E. R	4/1 gal
04-26	Asparagus White	Conen	12/720 ml
04-27	Green Bean	Jonker	12/1 kg
04-28	Golden Wax Bean	Jonker	12/1 kg
04-29	Potato : Instant Mashed Potatoes	Mr. Spud	6/#10
04-30	Potato : Frozen Fried Potato Crinkle Cut	Flav	6/5 lb
04-31	Potato : Frozen Fried Potato Straight Cut	Flav	6/5 lb
04-32	Tomatoes(Whole)	S & W	6/#10
04-33	Tomato Puree	S & W	6/#10
04-34	Baked Bean	Jonker	12/1 kg

5. 가공식료품

물품번호	품명	상표	규격
05-01	Caper Surfine	Surfine	12/32 oz
05-02	Cream Of Tartar	French	12/1 lb
05-03	Garlic Salted	Lawry	12/1 lb
05-04	Gelatin : Knox Gelatin	Knox	12/32's
05-05	Cherry Gelatin	Jello	12/24 oz
05-06	Lemon Gelatin	Jello	12/24 oz
05-07	Lime Gelatin	Jello	12/24 oz
05-08	Orange Gelatin	Jello	12/24 oz
05-09	Strawberry Gelatin	Jello	12/24 oz
05-10	Horseradish Prepared	More House	6/2 lb

05-11	Meat Tenderizer	S.E.R	12/1 lb
05-12	Mince Meats	S.E.R	6/#10
05-13	Molasses	Felbro	6/#10
05-14	Pie Filling : Blueberry Pie Filling	Lyons	6/#10
05-15	Cherry Pie Filling	C. H	6/#10
05-16	Lemon Pie Filling	C. H	6/#10
05-17	Sour Cream	JHS	6/46 oz
05-18	Pudding : Instant Pudding Chocolate	Kalloggs	12/28 oz
05-19	Instant Pudding Lemon	Kalloggs	12/28 oz
05-20	Instant Pudding Pistachio	Jello	12/28 oz
05-21	Instant Pudding Vanilla	Jello	12/28 oz
05-22	Gelatin	Gyung-Gi	6/1 lb

6. 소스·케첩

물품번호	품명	상표	규격
06-01	A-1 Sauce	A-1	12/10 oz
06-02	Apple Sauce	Apple Land	6/#10
06-03	Barbecue Sauce	Bull's -Eye	12/18 oz
06-04	Chili Sauce	B. H	12/12 oz
06-05	Chili Sauce	Kern's	6/#10
06-06	Cranberry Sauce Whole	Ocean Spray	24/#300
06-07	Grey's Chutney Sauce	Roland	12/2 lb
06-08	Hot Sauce	Louisiana	24/6 oz
06-09	Kikkoman Soy Sauce	Kikkoman	1/18 lt
06-10	Apple Sauce	Jonker	12/1 lb
06-11	Oyster Sauce	Taiwan(李)	24/454 gr
06-12	57 Meat Sauce	Heins	12/10 oz
06-13	Tabasco Sauce	Tabasco	24/2 oz
06-14	Worcester Shire Sauce	Heins	12/5 oz

06-15	Aka miso	Tenryu	1/20 kg
06-18	Salad Dressing	Kraft	12/2 lb
06-19	Shiro miso	Tenryun	1/20 kg
06-20	Tomato Ketchup	Hunts	24/14 oz
06-21	Tomato Ketchup	Hunts	6/#10
06-22	Tomato Paste	Hunts	6/#10
06-23	Whipped Topping Mix	Dream Whip	12/8.57 oz
06-24	Sasimi Soy Sauce	Kikkoman	6/1.8 lt

7. 젤리

물품번호	품명	상표	규격
07-01	Apricot Preserves	C. H	12/18 oz
07-02	Apricot Preserves	C. H	16/#10
07-03	Peach Preserves	C. H	12/18 oz
07-04	Peach Preserves	C. H	6/#10
07-05	Orange Marmalade Preserves	C. H	6/#10
07-06	Strawberry Preserves	C. H	12/18 oz
07-07	Strawberry Preserves	Top Flavor	6/#10
07-08	Orange Portion Jam	Hero	210/$\frac{1}{2}$ oz
07-09	Orange Portion Jam	Smuckers	200/$\frac{1}{2}$ oz
07-10	Strawberry Portion Jam	Hero	210/$\frac{1}{2}$ oz
07-11	Strawberry Portion Jam	Smuckers	200/$\frac{1}{2}$ oz
07-12	Honey	Coles	12/2 lb
07-13	Currant Jelly	C. H	6/#10
07-14	Grape Jelly	C. H	12/18 oz
07-15	Apple Mint Jelly	C. H	6/#10
07-16	Honey Portion	Smuckers	200/$\frac{1}{2}$ oz
07-17	Raspberry Portion Jam	Hero	210/$\frac{1}{2}$ oz
07-18	Blueberry Portion Jam	Hero	240/$\frac{1}{2}$ oz

07-19	Blackbherry Portion Jam	Hero	210/$\frac{1}{2}$ oz
07-20	Apricot Portion Jam	Hero	210/$\frac{1}{2}$ oz
07-22	Honey Portion Jam	Hero	210/$\frac{1}{2}$ oz

8. 버터, 치즈

물품번호	품명	상표	규격
08-01	Butter Portion(Unsalted)	B.H.A	10/100/10g
08-02	Bulk Butter	B.H.A	20/500 g
08-03	Bulk Butter	B.H.A	40/250 g
08-04	Peanut Butter	Festival	12/1 lb
08-05	American Processed Cheese	Kraft	6/5 lb
08-06	Cream Cheese	Kraft	6/3 lb
08-07	Mozzarella Cheese	Kraft	6/5 lb
08-08	Parmesan Cheese	Kraft	12/1 lb
08-09	Swiss Cheese	Kraft	6/5 lb
08-11	Parmesan Portion Jam	Kraft	24/3 oz
08-12	Fruit Cream Cheese(Cherry)	Tatura	6/2.5 kg
08-13	Fruit Cream Cheese(Ginger)	Tatura	6/25 kg
08-14	Fruit Cream Cheese(Rum)	Tatura	6/25 kg

9. 건포도, 코코넛

물품번호	품명	상표	규격
09-01	Coconut	S.E.R	1/10 lb
09-02	Raisin(Seedless)	B.H	24/15 oz

10. 향신료

물품번호	품명	상표	규격
10-01	All Spice Ground	Pacific	12/1 lb
10-02	Anise Seed Whole	Pacific	12/1 lb
10-03	Basil Sweet Whole	Pacific	12/5 oz
10-04	Bay Leaves	Pacific	12/2 oz
10-05	Caraway Seed Whole	Pacific	12/1 lb
10-06	Cardamon Seed Ground	Pacific	12/14 oz
10-07	Chili Powder	Pacific	12/1 lb
10-08	Cinnamon Ground	Pacific	12/1 lb
10-09	Clove Whole	Pacific	12/12 oz
10-10	Coriander	Pacific	12/12 oz
10-11	Cumin Seed Whole	Pacific	12/12 oz
10-12	Curry Powder	Pacific	12/1 lb
10-13	Dill Seed	Pacific	12/1 lb
10-14	Fennel Seed	Pacific	12/12 oz
10-15	Ginger Ground	Pacific	12/1 lb
10-16	Mace Ground	Pacific	12/1 lb
10-17	Majoram Whole	Pacific	6/1 lb
10-18	Mint Leaves	Pacific	12/5 oz
10-19	Nutmeg Ground	Pacific	12/16 oz
10-20	Oregano Ground	Pacific	12/12 oz
10-21	Pickling Spice Whole	Pacific	12/12 oz
10-23	Rosemary Leaves	Pacific	6/1 lb
10-24	Saffron	Pacific	12/1 oz
10-25	Sage Rubbed	Pacific	12/8 oz
10-26	Tarragon Leaves	Pacific	12/4 oz
10-27	Thyme Whole	Pacific	6/2 lb
10-28	Turmeric Ground	Pacific	12/1 lb

10-31	Black Pepper Ground	Pacific	12/1 lb
10-32	Black Pepper Whole	Pacific	12/1 lb
10-33	Cayenne Pepper Ground	Pacific	12/1 lb
10-34	Spanish Pepper Ground	Pacific	12/1 lb
10-35	White Pepper Ground	Pacific	12/1 lb
10-36	White Pepper Whole	Pacific	12/1 lb

11. 어류의 가공식품

물품번호	품명	상표	규격
11-01	Anchovy	S.E.R	12/28 oz
11-02	Caviar Black(Lump Fish)	Marina	12/12 oz
11-03	Caviar Red(Lump Fish)	Marina	12/12 oz
11-04	Katsuobushi	TAKE	4/500 g
11-06	Sardine In Oil	Norway	18/3.75 oz
11-08	Crab Meat	AM, Roland	24/6 oz
11-09	Snail Meat	Taiwan	12/28 oz
11-10	Snail Shells	S.E.R	24/24 ea

12. 스파게티

물품번호	품명	상표	규격
12-01	Egg Noodle	Kraft	1/10 lb
12-02	Macaroni(Elbow)	Golden Wheat	20/500 gr
12-03	Spaghetti	Golden Wheat	20/500 gr

13. 스프

물품번호	품명	상표	규격
13-01	Asparagus Soup	Camp Bell	24/#1 cau
13-02	Beef Soup Base	F. T	12/1 lb
13-03	Chicken Soup Base	Cresent	12/1 lb
13-04	Consomme Soup	Camp Bell	24/#1 cau
13-05	Mushroom Soup	B. H	48/#1 cau

14. 유지류

물품번호	품명	상표	규격
14-03	Olive Oil	Bertow	3/1 gal

15. 당·시럽

물품번호	품명	상표	규격
15-01	Cherry Syrup	Felbro	4/1 gal
15-02	Chocolate Syrup	Hershey	24/1 lb
15-03	Coffee Syrup	Felbro	4/ gal
15-04	Corn Syrup	S. E. R	1/45 lb
15-05	Grenadine Syrup	Rises	12/32 oz
15-06	Lemon Syrup	Felbro	4/1 gal
15-07	Pancake Syrup	Felbro	4/1 gal
15-08	Strawberry Syrup	JHS	4/1 gal
15-09	Vanilla Syrup	Felbro	4/1 gal

16. 겨자, 이스트

물품번호	품명	상표	규격
16-01	Mustard Ground	Colman	12/1 lb
16-02	Mustard Prepared	Golden Stars	4/1 gal
16-03	Kona Wasabi	Japan	15/1 kg
16-04	Baking Powder	Clabber Girl	24/10 oz

17. 엑기스, 식용색소, 식초

물품번호	품명	상표	규격
17-01	Angostra Bitter	Angostra	12/8 oz
17-02	Extract : Almond Extract	Felbro	12/16 oz
17-03	Banana Extract	Felbro	12/16 oz
17-04	Orange Extract	Felbro	12/16 oz
17-05	Peppermint Extract	Felbro	12/16 oz
17-06	Strawberry Extract	Felbro	12/16 oz
17-07	Vanilla Extract	Felbro	12/16 oz
17-08	Food Color : Caramel Food Color	Felbro	12/16 oz
17-09	Red Food Color	Felbro	12/16 oz
17-10	Yellow Food Color	Felbro	12/16 oz
17-11	Vinegar : Red wine Vinegar	Regina	12/12 oz
17-12	White Vinegar	Felbro	4/1 gal
17-13	Ponzu	Mitsakan	8/1.8 lt

18. 곡분, 코코아, 케익믹스

물품번호	품명	상표	규격
18-01	Cream of Wheat	NBC	12/28 oz
18-02	Pine Colada Mix		12/1 lt
18-04	Oat Meal	Quaker	12/42 oz
18-06	Cocoa Unsweetened	Hershey	12/1 lb
18-07	Chocolate Flavor	RTF	72/1.5 oz

19. 생과일

물품번호	품명	상표	규격
19-02	Fresh Orange	Sunkist	70-72 C
19-04	Kiwifruit	Newzealand	12/1 lt

20. 내수자재류 및 기타

물품번호	품명	상표	규격
21-01	Blue Blaze(고체연료)		
21-06	Juice Extractor, M 932		
21-07	Juice Extractor Funel		
24-01	Mixed Nuts	Unique	75/80 g
24-05	Lamb Steak Roll	Tandou	6/3 kg
24-06	Regusa Chocolate(객실미니바용)	Swiss	30/12/50 g
25-31	Dispenser For Bar	Measures	4/Set

한국관광공사 관광수입류

〈WHISKY〉

Scotch whisky

Ambassador, Ballantine, Bell's, B&W, Chivas, Royal Salute, Cutty Sark, Famous Grouse. Glenfiddich, Glenlivet, Grant's Dimple Johnie Walker, J&B, Logan, Long John, Mackenzie. Old Parr, Spey Royal. Teacher's. VAT, White horse, White Label, Seagram.

Irish whisky

John Jameson Irish, Old Bushmill.

American whisky

I.W, Happer, Jack Daniel Black, Jim Beam, Old Grand Dad, Seagram's 7, Fleisch Man's, Monarch.

Canadian whisky

Canadian Club, Seagram's VO · Crown Royal Winsdor

〈BRANDY〉

Connac

Bisquit, Camus, Courvoisier, Hennessy, Martell, Otard, Polignac, Remy Mardin, Salas Calvados.

Armanac

Chabot, Janneau, Hiram Walker

Brandy

Almaden, St. Chaeles. Metaxa, Paul Masson, Petting Pear, Apple, Carlos Dimeg, Calvados La Ramee

〈GIN〉

Beefeater, Bol's Z · O Genever, Bombay, Fleisdrman's, Gordon/s, Gilbey's, Manarch, Seagram's, R Tanqueray, Steinbager. schlichte, Dickles Extra, Old Lady's London, Schenley, Hiram Walket Crystral

〈VODKA〉

Absoult, Borzoi, Finlandia, Fleischman, Monarch, Smirnoff, Gilbey, Schenley, Stolovaya, Stolichmya, Modkovskaya

〈RUM〉

barcadi White, Gold, malibu Jamaica, Myer's Planter's. Ron Merito Gold-White, Ronrico Gold-White

〈LIQUEUR〉

Herbs/Spices

Creme De Menth Green-White, Anisette Maria Brizard, Benedictin, Galliano, Drambuie, lridsh Mist, Campari, Chartreause, Cyner, Sumbuca, Pernod, Underbeg, Fermet Branca, Kummel, Bitter Martini, Apperzeller, Anogostura Bitter, Fraise Strawberry

Fruits

Apricot, Cherry, Blackberry, Peach,Respberry, Curacao Orange, Orange, Stock Marschiano. Stock Grappa Julia, Curacao Blue, Triple sec. Creme De Banana, Sole Gin, Creme Do Cassis, Kirsch, Marie Brizard, Melon, Cointreau, Grand Matnier, Peter Herring. Maraschiano, Marasquien, Famboise Roseberry, Peachtree, Calvados Boulaed, Cherry Herring Ricard

Beans/Kernels

Creme Do Cacao Brown-White, Baiely Irish Creme, Amaretto Saranno, Kahlus Coffee, Pimms No1, Tia maria, Dubonnet, Cocaribe, Chocolate

Chinese

Mau Tai, Hua Tiau, Kao Liand, Dah-Chyu. Chu Yeh Ching. Mai Kwei, Na Ka Py, Sho Shing, Shaoshing Hus Tsian ju, Yomel, Pai Suei. Michiu Seng Yong

Other Liqueur

Tequila Silver, Grappa Julia. Southern Comfort, Ouzo, Malibu. Miranda Marasala, Metaxa Amanda, Schinken Hager.

〈WINE〉

Bordeaux Red

St. Emillion Cordier, Jean Sans Terr, Lassque, Paul Bouch, Chevel Blanc, B.A.F., J. Saboulin, Paul Bouchard.

St. Estephe De Maebuzet Latour, Lefcn Rochet, Calon Segan, Chateau Meymey, Chateau De Pez, Turpin, De Luze.

St. Julien Grand Llose, Chateau Tulbot Cordier, Ch. Lalande. De Luze

Chateau Pauillic, Mouton, Margaux, Graves

Ch, Medoc, Haut Brion, Montrose

Bordeaux Superior, Rouge, Muton Cadet

Cruse Selection, Bichof Selection

Bordeaux white

Blanc De Blance Labo Hiere, Cordier, Mommessin, Calvert, Bichot

Bordeaux Blance Cordier, Calvert, mauton Cadet

Savvignon Blanc, Craves Blanc

Ch. Talbot

Burqundy Red

Beaujolais Piat, George Dubonet, Daul Bouchard, Village Moulin-A-Vent, Pauillu Fuisse, Gevery Chambertin, Cotes De Beaune, Plenire Piat, Vosne. Romane, Chassange Moutrachet, Aligote, Bourgogre, Meursault, Macom, Pommord, Massanze.

Burqundy white

Chablis, Pouilly Fume, Pauilly Fusse, Macon, Aligote, Sancerre. Saint Veran, Chassanse

Cotes du rhon

Cotes Du Rhone. Chateauneuf, Crozes Hermitage, Damjou Rose, Pradel

Alsace/Other

Gewarz, Tokay, Riesling, Muscadet, Alsase, Mare Syraner, Cote De Prorence

Germany Mesell Sarr Ruwer

Zeller, Eeltinger, Wehlen, Bernkastellu, Piesporter, Zummeman, Winkler, Bereich Bornkastel

Gemany Rhein Hassen

Liebfraumilch, Niersteinet, Oppenhe ciner, Boreich Berkastel

Germany Rhein Gaw

Johnnis bery, Bereich Johnnisberg Riesling, Rudeshimer, Winkel, Hochheimer

American Wine

Chablis, Burgundy, Carbernet Sauvignon, Ribert Mondavi Carbernet Sauvignon, Chardonnay, Pionr Noir, Chenin Blanc. Riesling California, Johnisberg Riesling, Zinfardel, Primier White, Blac De Blanc Weible

Italy Wine

Ruffino Chianti, Ricasols Chianti, Capineto Vernaccia, Brolio, Antinorl, Zoni Vapolicellu, Ruffino Toscano, Spalleti Valpolicello, Premiovin: Tomasi Soave, Florio, Mazzi

Swiss Wine

Pinot Noir, Fendant, Johnariserg, Chateau, Fechy, Hammel, Tessin. Yvone, Sylvaner Mare, Dole Romane

Portuqalse

Mateus Rose, Lencer, Isabel, Tavel Rose

Australian Wine

Rhone Riesling Black, Soppelt, Cabernet Sauvignon, Lindema's

Newzealand Wine

Sauvignon Blanc, Gerourztraminer, Cabernet Sanvignon Corbans, Prestons Kuifruit Me Aiun Dry

Spanish Wine

Raimat, Torres

〈CHAMPAGNE〉

Sparking Champagne(France)

Veune Cliquot, Krug Grand, Bolligoger, Poll Roger, CH Mumm, Moet Cham Don, Cuvee, Charles Heidisick, Leurant perrier, Pommery, Taitinger, Kupfurberg, Perrier, Cordonin, Lanson, Le Piat

Sparkling Champagne(Germany)

Henklell, Frankhuf, Liemblframilch, Blue Nun

Sparking Champagne(Italy)

Capineto Vins Superment Brut

Sparkling Champagne(America)

Paul Massion Brut, P.M cold duck

Sparkling Champagne(other)

Dry Sherry

G.B Tio Pepo Dry Sherry, William Humbert, Croft Paiticalan, Paul Messon, Pedro, Fernando, Sandeman, Tailor's Ny state

Creme Sherry

G. B Tio Pepo, G. B Diamond, Paul Massion Golden, Christian Brothers, Ferdizads, Peord, Sandeman, Havey, Tayor

Medium Dry Sherry

Sandeman, Fernando, Fedro, G. B Tio Pepo

Ruby Port Wine

Sandeman. Paul Massion, Cristian Brother, Taylors, Sandman, Florio Marsala Sweet

Towny Port Wine

Osborne Vintage, Paul Massion, Cristian Buthers, Taylor's My state, Sandeman Towny Port

Other Port Wine

Distinction Port Crrft, Fine White Sandeman, Old Invalto, Fine Quistia, Sandeman Vintage Port

〈VERMOUTH〉

Dobonnet Red, Cinzano, Vernouth Bianco Gancia, Martini Ross, Noilly Part~.

국산 식자재

◆ VEGETABLE (야채류) ◆

asparagus 아스파라거스

angelica 신선초

avacados 아보카도스

bamboo shoot 죽순

bean kidney 강남콩

bean leaves 콩잎

bean sprout 콩나물

bean sprout green 숙주

beetroot 비트뿌리

bellflower root(Platy codox) 도라지 뿌리

bracken 고사리

brocolli 브로컬리

brussel sprout 브루셀스파라우트

burdock 우엉

cabbage chinese 배추

cabbage red 적채

cabbage root 순무

cabbage spring 얼갈이 배추

cabbage white 양배추

carrot 당근

cauliflower 컬리플라워

celery 샐러리

chard 근대

cherry tomato 체리토마토

chinese bellflower root 도라지

chinese yam 마(산약)

chinese radish 무

chives (chinese) 중국부추

chives (korean) 조선부추

corn salad 콘샐러드

crown daisy 쑥갓

cucumber 오이

day lily fresh 원추리

deo-deog 더덕

eggplant 가지

fatsia shoot 두릅

garlic peeled 깐마늘

ginger peeled 깐생강

green beans 그린빈스

green peas cleaned 완두콩

hot pepper green 풋고추

hot pepper red 홍고추

korean lettuce 잎상추

korean red lettuce 적상추

lettuce iceberg 양상추

lotus root 연근

mallow 아욱

mugwort 쑥

mushroom agaric 느타리버섯

mushroom black agaric 흑느타리버섯

mushroom black fangus 목이버섯

mushroom garic 느타리버섯

mushroom manna lichen 석이버섯

mushroom pine 송이버섯

mushroom pyogo 표고버섯(shiitake)

mushroom winter 팽이버섯

mushroom yansongyi 양송이버섯

mustard leaf 갓잎

onion dry 건양파

onion green peeled 깐대파

onion spring (쪽)실파

parsley double 파슬리

parsley korean 미나리(water dropwort)

pepper leave 고추잎

pepper twist 꽈리고추

pimento green 청피망

pimento red 적피망

pimento yellow 황피망

potato 감자

potato sweet 고구마

pumpkin yellow 늙은호박

radish red 레디쉬레드

rape young leaf 유채잎

roya fern 고비

sesame leave 깻잎

shepherd's purse 냉이

sowthistle 씀바귀

spinach 시금치

spouting beans 껍질콩

squash long 애호박

squash sweet 단호박

taro 토란

tomato 토마토

tomato for sauce 소스용토마토

turnip altari 알타리무우

turnip korean 무우

turnip spring 열무

wild garlic 달래

wormwood 물쑥

yellow onion 움파

zucchini 추키니 호박

◆ VEGETBLE (향신야채) ◆

alfalfa prouting 알파파 싹

applemint 애플민트

baby carrot 꼬마당근

baby eggplant 꼬마가지

basil sweet 바질

borage flower 브레이지 꽃

brocoli 브로콜리

butter head lettuce 불란서 양배추

chaisim 채심

chervil 처빌

chicory 치커리

chive 차이브

chung chai 청채

chung kyung sai 청경채

coriander 코리안더

corn salad 콘샐러드

cucumber flower 오이꽃

dandelion 단데리온

datsai 닷사이

dill 딜

eggplant flower 가지꽃

endive 벨지움엔다이브

ensai 엔사이

fennel 휀넬

gaboo 가부(순무)

garden cress 가든크레스

giona 교나

green vitamin 그린비티만

hyang chai 향채

italian parsley 이탈리안 파슬리

kaiwar 무순

kinome 키노메(산초)

leek 릭

lemonbalm 레몬밤

maejiso(small sesame leaf) 깨순

masiu(italian corn saled) 맛슈

michba 미츠바

mustard green 마스타드 그린

nattow 낫도

okura green 그린 오크라

okura red 레드 오크라

oregano 오레가노

peppermint 페파민트

petit tomato 페티 토마토

pickling onion peeled 구슬 양파

radichio 라디치오

rainbow radish 레인보우레디쉬

red chicory 레드치커리

red gaboo 적순무

red onion 레드 어니언

romaine lettuce 로메인 레테스

rosemary 로즈마리

sage 세이지

saladana 사라다나

savoy cabbage 사보이양배추

shiso 자소

sorrel 소렐

spearmint 스피아민트

summer salad 섬머사라다

taragon 타라곤

thyme 타임

tosakanori green 도사까노리 그린

tosakanori red 도사까노리 레드

tosakanori white 도사까노리 화이트

vegetable flower 채화

water cress 크레숑

yellow cherry tomato 노란체리 토마토

yellow squash 황금호박

◆ FRUITS (과일류) ◆

apple fuji 400~450gm(3다이) 후지3다이

apple hong ok 250~300gm 홍옥

apple yukp 350~400gm 육옥

apricot 살구

avocado 아보가도

banana 바나나

black berry 오리

cherry 체리

chines quince (papaya) 모과

citron 유자

coconut plam 야자

cottonboll 다래

fig 무화과

grape black 포도

grape green 청포도

grape king 거봉

grape small w/o seed 씨없는 포도

grapefruit 자몽

Japanese apricot 매실

kiwi 키위

kumquat 금귤

lemon 레몬

longon 용안

lychees 리치

melon musk 머스크

melon royale 로얄

melon water 수박

melon white 백설

melon yellow 은천

orange 오렌지

peach white 백도

peach yellow 황도

pear shingo 450~500g 신고배

persimmon L 250~300g 감

persimmon S 200~250g 감

pineapple 파인애플

pomegranate 석류

prune 자두

rapsberry 산딸기

strawberry 딸기

strawberry for sauce 소스용딸기

tangerine 귤

torreyanut 비자

◆ DAIRY PRODUTS (유제품) ◆

butter(unsalted, salted) 버터(무염, 가염)

condensed milk (evaporated, sweetened)
연유(무당, 가당)

cottage cheese 커티지 치즈

fresh cream 생크림

fresh milk 우유

mozarella cheese 모짜렐라 치즈

pizza cheese 피자치즈

sour cream 사우어 크림

slice cheese 슬라이스치즈

yoghurt fruit 과일 요구르트

yoghurt plain 플레인 요구르트

powered milk 분유

whole milk power 전지분유

◆ FISH (생선류) ◆

anchovy 멸치

angler fish 아귀

angler liver 아귀간

atka fish 이면수

bream black 흑도미

bream red frozen 냉동적도미

cat fish 메기

carp 잉어

cod fillet 대구살

cod silver 은대구

cod whole 통대구

codfish, haddock 대구

conger eel 붕장어(아나고)

croacker 민어

croaker 민어

cuttle fish 오징어

dried red snapper 건옥도미

dried samchi 건삼치

eel 뱀장어

flounder 넙치류

fresh water eel 민물장어

gizzard shad 전어

groufer 능숭어

hair tail 갈치

hake fillet 킹구살

halibut 광어

halibut fillet frozen 냉동광어살

halibut fillet w/skin L 한식광어살

halibut fillet w/skin S 광어살

halibut frozen 냉동광어

herring 청어

johnd'ory 존도리

kind of octopus 낙지

mackerel 고등어

mackerel spanish 삼치

mero fillet 메로살

mud fish 미꾸라지

mullet red 참숭어

octopus 문어

octopus small 낙지

orange fish w/o skin 오렌지살

plaice 도다리

pollack fillet 동태살

pollack frozen(fresh) 동(생)태

pomfret 병어

rack fish 삼숙이

red snapper 황우럭

rock fish 우럭(u-reog 뽈락)

roe flying fish 날치알

roe herring 청어알

roe salmon 연어알

roe urchin 성게알

salmon 연어

sardine 정어리

saury 꽁치

sea cucumber intestine 해삼창자젓

sea eel fresh 바다장어

seabass 농어

seabream fillet 역돔

shark 상어

shisyamo 시사모(빙어)

skate dried 건홍어

smoked salmon 훈제연어

sole cleaned 깐 혀넙치(참서대)

sole frozen 냉동 혀넙치

squid whole 갑오징어

squid cleaned 아까몸살

squilla 가재

swell fish 복어

trout 송어

trout rainbow 무지개송어

tuna bigeye 참치 빅아이

tuna macka 참치 마까

tuna meka 참치 메까

tunny 다랑어

turbot 가자미

turbot, hailbut 광어

turtle 자라

whale 고래

yellow corvenia 참조기

yellow tail 방어

◆ SEAFOOD&SHELL FISH&WEED ◆ (어패류)

abalone 전복

abalone w/o shell 7 ~ 8cm 깐 전복

baby shrimp peeled 시바새우

clam dorigai 새조개

clam L(M S) 대합(중합 소합)

clam w/o shell 조개살

clam white 백모시조개

clam(jae chop) 재치조개

clambaby 바지락

cokes clam 피조개

crab 꽃게

crab king 영덕게

crab meat 게살

crab red 홍게

cray fish 닭새우

jelly fish 해파리

king prown 특대하

lobster tail 바다가재꼬리

lobster tail w/o shell 깐 바닥가재꼬리살

lobster whole 통바다가재

mussel black 홍합

mussel black w/o shell 홍합살

octopus 참문어

octopus small 낙지

oyster w/ shell 석화

oyster w/o shell 깐생굴

scallop cleaned 관자

sea cucumber 해삼

sea squirt 멍게

shell bai top 골뱅이

shell top whole fresh 통소라

shell(kmak)꼬막

shrimp large 23cm 대하

shrimp medium 17cm 중하

shrimp tiger 15cm 차새우 S

shrimp tiger 17cm 차새우 M

shrimp tiger 20cm 차새우 L

snail 달팽이

styela clava 미더덕

top shell peeled 삶은소라

whelk 골뱅이

◆ POULTRY&GAME (가금류) ◆

baby chicken 400g 영계

brown egg jumbo 60g 특란

chicken breast 닭가슴살

chicken broiler 1.4 ~ 1.5kg 닭

chicken leg 닭다리

chicken spring 800g 닭

chicken wing 닭날개

duck 오리

pheasant cleaned 다듬은 꿩

quail cleaned 다듬은 메추리

quail egg 메추리알

rabbit cleaned 다듬은 토끼

turkey 칠면조

xwild boar 멧돼지

◆ DELCATESSEN (육가공품류) ◆

assorted cold cut 모듬햄

bacon slice 베이컨슬라이스

boneless ham 본리스햄

cocktail 칵테일

dried beef 육포

dried pork 돼지육포

loin ham 로인햄

pork chipolata

pork sausage 돼지고기햄

salami whole 살라미

smoked pork feet 훈제족발

veal chipolata

veal sausage 양고기햄

vienna 비엔나

◆ PORK (돼지고기) ◆

belly 삼겹살

blood 선지

bone 잡뼈

fat 비계

fat bag 내장기름

feet 족

kidney 콩팥

knuckle 보습살

leg 다리

liver 간

loin bone in 잡부(뼈포함)

loin bone out 잡부(뼈제외)

neck 목점살

rib spear 갈비

round 방심

shoulder 어깨살

skin 돼지껍질

suckling pig 8 ~ 10kg 돼지새끼

tenderloin 안심

◆ BEEF (쇠고기) ◆

blood 선지

bone 잡뼈

bone knee 도가니

bone marrow 사골

brisket 양지

chuck 목덜미

cow rib 한식갈비

hank boneless 아롱사태

intestine 곱창

kindney 콩팥

knuckle 도가니

leg 우족

liver 간

ox tail 꼬리

ox tongue 우설

rib 갈비

rib brisket 차돌박이

ribeye 갈비살

round 방심

round fresh 육회용

shank boneless 사태

sirloin 채끝 등심

stomach 양

strip loin 등심

tenderloin 안심

tripe 천엽

◆ MISCELLANEOUS (잡품류) ◆

Agar 한천

altari kimchi 알타리김치

anchovy L 다시멸치

anchovy M 조림멸치

anchovy S 지리멸치

assorted o-deng 모듬오뎅

barley 보리쌀

barley tea 보리차

bean curd fried 유부

beef soup base 쇠고기다시다

black sesame 검정참깨

black sugar 흑설탕

buckwheat vermicelli 냉면국수

cashew nut 요과

chestnut 밤

chinese cabbage kimchi 포기김치

chinese noddle 당면

chinese paste 춘장

cinnamon whole 통계피

clam soup base 조개다시다

clove 정향

cockle clam broiled 꼬막조림

corn starch 옥수수 전분

corn tea 옥수수차

cucumber kimchi 오이소박이

curry powder 카레라이스

date (dried) 건대추

dried black mushroom 건표고버섯

dry mushroom pyogo 건표고(향고)

dry pollack slice 북어채

duck egg 송화단

dumpling 만두

fermented salty soybean paste 된장

fermented soybean 청국장

fish paste steamed 꼬치어묵

flour barley sprout 엿기름 가루

flour bean white 콩가루

flour bread 빵가루

flour potato 감자가루

flour rice sticky 찹쌀가루

flour rye 호밀가루

gingkonut 은행

ginseng 인삼

ginseng baby 튀김용 인삼

glutinous millet 차조

glutinous sorghum 차수수

hashed rice 하이라이스

hot pepper paste 고추장

ice block 135g

ice cream 아이스크림

instant corn soup 옥수수수프

instant mushroom soup 양송이수프

japanese mix vegetable 오복채

jelly(acorn) 도토리묵

jelly(buckwheat) 메밀묵

jelly(mungbean) 녹두묵(청포묵)

jja jang 짜장

kanpyo 박고지

kkak du ki 깍두기

korean vermecilli 찰진당면

laver green 파래

maccaroni 마카로니

mat sal 맛살

mung bean peeled 깐녹두

mustard powder 겨자가루

new sugar 뉴슈가

noodle 우동국수

oboro 오보로

oyster sauce 굴소스

pan konyak 판곤약

perilla flour 들깨가루

pickled slice ginger 초생강

pickled onoin peeled 락교

pickled sesame leaves 깻잎무침

pickled yellow turnip 단무지

pine mushroom 자연송이 can

pinenut 잣

plum(pickled) 매실절임

potato starch 감자전분

powder red pepper 고추가루

pressed barley 압맥

red bean 팥

rice cake for pastry 시루떡

salted clam 조개젓

salted cuttle fish 오징어젓

salted oyster(seo san) 서산어리굴젓

salted pollack intestine 창란젓

salted pollack roe 명란젓

salted sea arrow 꼴뚜기젓

salted shrimp 새우젓

sea laver 김

sea tangle dried 다시마

sea tangle fried 튀각

sea weed dried 건미역

sea weed fresh 물미역

sea weed stem 미역줄기

shi ba zu ke 시바즈께

sil konyak 실곤약

soba noodle 소바국수

soy bean 노란콩

soybean curd 두부

soy sauce 간장

soybean curd 두부

soybean curd(soft) 연두부

soybean curd resisue 비지

soybean milk 두유

spaghetti 스파게티

star anis 팔각회향

starch syrup 물엿

starch vermecilli 당면

strawberry ice cream 딸기 아이스크림

tuna flake 가츠오부시

vanilla ice cream 바닐라 아이스크림

vinegar 식초

walnut w/o shell 백호두살

water kimchi 물김치

white kimchi 백김치

white sesame 흰참깨

yul moo kimchi 열무김치

[참고문헌]

1. 강명수 외. 식품학. 교문사. 2003
2. 고영수, 한희자. 1996. 한국산 초피와 산초의 화학성분, 한국식품과학회지 28(1) : 19~27
3. 곽성호 외. 실무식품구매론. 형설출판사. 2001
4. 권원달. 농산물유통학. 선진문화사. 1997
5. 김규태. 급식경영학. 지구문화사. 1996
6. 김덕권. 급식경영학. 신광출판사. 2000
7. 김동승 외 3인. 급식경영학. 광문각. 2000
8. 김동승. 식품구매관리론. 기문사. 1999
9. 김동승. 최식 식품구매론. 효일문화사. 2002
10. 김혜정. 2006. 야생화&허브 인테리어. 일진사
11. 김희섭, 유혜경, 윤재영, 이정희, 최영희, 최정희. 2005. 세계 요리문화 산책, 대가
    나영선. 관광호텔 조리부문의 식재료 구매관리에 관한 연구. culinary Research. 1997
12. 다나카 야스코. 2005. 우리 집 베란다에서 키우는 무공해 채소 & 허브 = Small kitchen garden
13. 문현경. 급식관리지도서. 대한영양사회. 2001
14. 박병렬 외. 외식사업 주방관리론. 대왕사. 199
15. 양일선 외. 단체급식. 교문사. 2003
16. 양일선. 식품구매. 수학사. 19935
17. 유태종. 식품카르테. 박영사
18. 유현. 2009. (MBC 스페셜) 스파이스 루트 - [DVD]= Spice route
19. 윤평섭. 2006. 원색도감 HERBS. 교학사
20. 이영미. 2004. 잘 먹고 잘사는 법 053. 향신료. 김영사
21. 이정연. 2004. 허브. 김영사
22. 이진영 외. 식품구매론. 효일문화사. 1996
23. 장상문, 김광호, 송효남, 김미옥. 2005. 식품재료학. 광문각
24. 장-마리펠트 지음 김중현 옮김. 2005. 향신료의 역사. 좋은 책 만들기
25. 장현기. 식품학 개론. 유림문화사. 2000
26. 전은자, 홍익제. 단체급식과 조리. 1985
27. 정영도, 김광익, 최병권, 허영욱, 란연생, 이병주, 장기호, 마경덕, 이권우, 김우영, 김창현, 박경호. 2000.
    식품조리재료학. 지구문화사
28. 정한진. 2006. 달콤한 미각의 역사 향신료 이야기. 살림지식총서 252. 살림
29. 최영전. 2008. Herbs 대사전 : 자연이 준 신비로운 향기. 예가
30. 캐서린 허킨스. 2008. 「herbs&spices」. 세경
31. 한국식품영양학회 감수. 2005. 식품재료사전. 한국사전연구사
32. 현기순 외. 단체급식. 수학사. 2001
33. 홍기운 외 2인. 최신식품구매론. 대왕각. 2001
34. 홍기운 외. 식품구매론. 대왕사. 2001
35. 홍진숙, 박혜원, 박란숙, 명춘옥, 신미혜, 최은정, 정혜정. 2008. 식품재료학. 교문사
36. 홍태희, 김기연, 최옥수, 김대현, 정외숙, 김순희, 조효현. 2010. 식품재료학. 현대
37. 서울대학교 식품영양학과 푸드서비스 & 마케팅 연구실 윤지현 외, 2017, ㈜바이오사이언스출판

38. Channa Dassanayaka, Sri Lankan Rlavours, HGB(Hardie Grant Books), 200
39. Controlling and analyzing cost in food service operations john wiley & sons. Inc. 1974
40. Ghillie Basan. 2007. The food and cooking of Turkey, LB(Lorenz Books)
41. Hawkins, Kathryn. 2008. 세계의 명품 허브와 향신료 = Herbs & spices, 세경
42. Jill Norman. 2002. 「Herbs & spices」, 티메카
43. Llewellyn, Misty kuceris. 2009.
44. Magda Mehdawy. 2004. My Egyptian Grandmother's kitchen, , The American University in Cairo Press
45. Mrs. Lee Chin Koon. 2005. The New MRS LEE'S cook Book Vol.2 Straits Heritage cuisine Marshal Cavendish Cusine
46. Mrs. Lee Chin Koon. 2003. The New Mrs LEE'S Cook Book, Nonya Cuisine, Times Editions.
47. Nor Zailina Nordin, Fatihah Seow Boon Hor, Mrs. Leong Yee Soo. 2004. Nyonya Specialties, Times Editions.
48. Susheela Raghavan. 2005. 「Handbook of Spices, Seasonings, And Flavorings」, CRC Pr I Llc
49. The food of Malaysia, Periplus Edition(HK), 2000
50. The New Malaysian cookbook, Preston, 2001
51. Tugul Savkay, 2003. Turkish Cusine, MB(mert Basim Yayin Ltd.Sti).
52. Yasuko tanaka, 2005, 「무공해 채소 & 허브」, 보누스

[웹사이트]

1. 국립농산물품질관리원(2017). http://www.naqs.go.kr
2. 농림축산검역본부(2017). http://www.qia.go.kr
3. 네이버 백과사전
4. 농산물유통공사
5. 농산물유통정보
6. 친환경인증관리정보시스템(2017). http://www.enviagro.go.kr
7. 식품의약품안전처(2017). http://www.mfds.go.kr
8. 축산물품질평가원(2017). http//www.ekape.or.kr
9. 농림축산식품부(2017). http://www.mafra.go.kr
10. http://kr.fujitsu.com/webzine/tech/2003_11/issue/cost/
11. http://www.afmc.co.kr/
12. http://www.garak.co.kr
13. http://www.kamis.co.kr/jsp/index.jsp
14. http://www.kamis.co.kr/jsp/wms/wms.jsp?menuid=517
15. http://www.tjgp.co.kr/01_abouts/nong_intro/main2.htm
16. http://www.ysma.ipohang.org/b/b3.htm

[저자 소개]

박경숙 / 장안대학교 식품영양과 교수

김영숙 / 안산대학교 식품영양과 교수

박재남 / 송원대학교 식품영양학과 교수

장상준 / 계명문화대학교 식품영양조리학부 교수

김용식 / 연성대학교 호텔외식조리과 교수

식품구매

2017년 9월 1일 1판 1쇄 인 쇄
2017년 9월 7일 1판 1쇄 발 행

지 은 이 : 박경숙 · 김영숙 · 박재남 · 장상준 · 김용식

펴 낸 이 : 박정태

펴 낸 곳 : **광 문 각**

10881
경기도 파주시 파주출판문화도시 광인사길 161
광문각 B/D 4층
등 록 : 1991. 5. 31 제12-484호
전 화(代) : 031-955-8787
팩 스 : 031-955-3730
E-mail : kwangmk7@hanmail.net
홈페이지 : www.kwangmoonkag.co.kr

ISBN : 978-89-7093-859-2 93590

값 : 23,000원

KSPA 한국과학기술출판협회회원